U0130074

国家出版基金项目
NATIONAL PUBLICATION FOUNDATION

『十三五』国家重点出版物出版规划项目

The Art of
Chinese
Silks

PAINTED
IMAGE

中国历代丝绸艺术

图像

赵　丰 ◎ 总主编

袁宣萍 ◎ 著

浙江大学出版社
ZHEJIANG UNIVERSITY PRESS

　　2018 年，我们"中国丝绸文物分析与设计素材再造关键技术研究与应用"的项目团队和浙江大学出版社合作出版了国家出版基金项目成果"中国古代丝绸设计素材图系"（以下简称"图系"），又马上投入了再编一套 10 卷本丛书的准备工作中，即国家出版基金项目和"十三五"国家重点出版物出版规划项目成果"中国历代丝绸艺术丛书"。

　　以前由我经手所著或主编的中国丝绸艺术主题的出版物有三种。最早的是一册《丝绸艺术史》，1992 年由浙江美术学院出版社出版，2005 年增订成为《中国丝绸艺术史》，由文物出版社出版。但这事实上是一本教材，用于丝绸纺织或染织美术类的教学，分门别类，细细道来，用的彩图不多，大多是线描的黑白图，适合学生对照查阅。后来是 2012 年的一部大书《中国丝绸艺术》，由中国的外文出版社和美国的耶鲁大学出版社联合出版，事实上，耶鲁大学出版社出的是英文版，外文出版社出的是中文版。中文版由我和我的老师、美国大都会艺术博物馆亚洲艺术部主任屈志仁先生担任主编，写作由国内外七八位学者合作担纲，书的内容翔实，图文并茂。但问题是实在太重，一般情况下必须平平整整地摊放在书桌上翻阅才行。第三种就是我们和浙江大学出版社合作的"图系"，共有 10 卷，此外还包括 2020 年出版的《中国丝绸设计（精选版）》，用了大量古代丝绸文物的复原图，经过我们的研究、拼合、复原、描绘等过程，呈现的是一幅幅可用于当代工艺再设计创作的图案，比较适合查阅。如今，如果我们想再编一套不一样的有关中国丝绸艺术史的出版物，我希望它是一种小手册，类似于日本出版的美术系列，有一个大的统称，却基本可以按时代分成 10 卷，每一卷都便于写，便于携，便于读。于是我们便有了这一套新形式的"中国历代丝绸艺术丛书"。

当然，这种出版物的基础还是我们的"图系"。首先，"图系"让我们组成了一支队伍，这支队伍中有来自中国丝绸博物馆、东华大学、浙江理工大学、浙江工业大学、安徽工程大学、北京服装学院、浙江纺织服装职业技术学院等的教师，他们大多是我的学生，我们一起学习，一起工作，有着比较相似的学术训练和知识基础。其次，"图系"让我们积累了大量的基础资料，特别是丝绸实物的资料。在"图系"项目中，我们收集了上万件中国古代丝绸文物的信息，但大部分只是把复原绘制的图案用于"图系"，真正的文物被隐藏在了"图系"的背后。再次，在"图系"中，我们虽然已按时代进行了梳理，但因为"图系"的工作目标是对图案进行收集整理和分类，所以我们大多是按图案的品种属性进行分卷的，如锦绣、绒毯、小件绣品、装裱锦绫、暗花，不能很好地反映丝绸艺术的时代特征和演变过程。最后，我们决定，在这一套"中国历代丝绸艺术丛书"中，我们就以时代为界线，将丛书分为 10 卷，几乎每卷都有相对明确的年代，如汉魏、隋唐、宋代、辽金、元代、明代、清代。为更好地反映中国明清时期的丝绸艺术风格，另有宫廷刺绣和民间刺绣两卷，此外还有同样承载了关于古代服饰或丝绸艺术丰富信息的图像一卷。

从内容上看，"中国历代丝绸艺术丛书"显得更为系统一些。我们勾画了中国各时期各种类丝绸艺术的发展框架，叙述了丝绸图案的艺术风格及其背后的文化内涵。我们梳理和剖析了中国丝绸文物绚丽多彩的悠久历史、深沉的文化与寓意，这些丝绸文物反映了中国古代社会的思想观念、宗教信仰、生活习俗和审美情趣，充分体现了古人的聪明才智。在表达形式上，这套丛书的文字叙述分析更为丰富细致，更为通俗易读，兼具学术性与普及性。每卷还精选了约 200 幅图片，以文物图为主，兼收纹样复原图，使此丛书与"图系"的区别更为明确一些。我们也特别加上了包含纹样信息的文物名称和出土信息等的图片注释，并在每卷书正文之后尽可能提供了图片来源，便于读者索引。此外，丛书策划伊始就确定以中文版、英文版两种形式出版，让丝绸成为中国文化和海外文化相互传递和交融的媒介。在装帧风格上，有别于"图系"那样的大开本，这套丛书以轻巧的小开本形式呈现。一卷在手，并不很大，方便携带和阅读，希望能为读者朋友带来新的阅读体验。

我们团队和浙江大学出版社的合作颇早颇多，这里我要感谢浙江大学出版社前任社长鲁东明教授。东明是计算机专家，却一直与文化遗产结缘，特别致力于丝绸之路石窟寺观壁画和丝绸文物的数字化保护。我们双方从 2016 年起就开始合作建设国家文化产业发展专项资金重大项目"中国丝绸艺术数字资源库及服务平台",希望能在系统完整地调查国内外馆藏中国丝绸文物的基础上,抢救性高保真数字化采集丝绸文物数据,以保护其蕴含的珍贵历史、文化、艺术与科技价值信息,结合丝绸文物及相关文献资料进行数字化整理研究。目前,该平台项目已初步结项,平台的内容也越来越丰富,不仅有前面提到的"图系",还有关于丝绸的博物馆展览图录、学术研究、文献史料等累累硕果,而"中国历代丝绸艺术丛书"可以说是该平台项目的一种转化形式。

中国丝绸的丰富遗产不计其数,特别是散藏在世界各地的中国丝绸,有许多尚未得到较完整的统计和保护。所以,我们团队和浙江大学出版社仍在继续合作"中国丝绸海外藏"项目,我们也在继续谋划"中国丝绸大系",正在实施国家重点研发计划项目"世界丝绸互动地图关键技术研发和示范",此丛书也是该项目的成果之一。我相信,丰富精美的丝绸是中国发明、人类共同贡献的宝贵文化遗产,不仅在讲好中国故事,更会在讲好丝路故事中展示其独特的风采,发挥其独特的作用。我也期待,"中国历代丝绸艺术丛书"能进一步梳理中国丝绸文化的内涵,继承和发扬传统文化精神,提升当代设计作品的文化创意,为从事艺术史研究、纺织品设计和艺术创作的同仁与读者提供参考资料,推动优秀传统文化的传承弘扬和振兴活化。

中国丝绸博物馆　赵　丰

2020 年 12 月 7 日

图像证史——用图像构建中国丝绸艺术史

　　研究中国古代服饰史与丝绸艺术史，除了文献记载、出土与传世文物外，还有一个重要的支撑材料，就是古代遗留至今的视觉图像。图像，也是古代遗迹的组成部分，虽然不是古代服饰或丝绸织物本身，但同样承载了关于古代服饰或丝绸艺术的丰富信息。以往对中国丝绸艺术史的研究，主要依赖于文献记载和出土实物，但是，文献记载往往偏重于重要叙事，不会对人们熟视无睹的琐碎事物多加关注，而出土实物又具有偶然性。因此，研究物质文化史，就必须在文献记载及出土实物之外，关注同时期的视觉图像，将此三者结合起来，考察呈现在我们面前的"物"究竟是什么、有何用途或其承载的文化意义。中国古代丝绸艺术史的研究也当如此。中华民族在几千年的历史进程中，产生了数以万计的图像，特别是以人物为主题的图像，包括人物穿着的服饰、所处居室的环境等，都表现了大量的织物，织物上则描绘了丰富的纹样，显现出题材、构图、色彩、风格，甚至质感和染织工艺。这些丰富的图像资料，无疑是一个不容忽视的丝绸艺术宝库。这本小书，就是希望从古代视觉图像出发，考察丝绸纹样，阐述中国丝绸艺术史，以期补充文献记载及出土文物的不足，并与实物相比较，使历史的呈现更趋完整。

本书所说的古代图像，是指从史前时代起直到 20 世纪初清王朝结束，在长达五千余年的时间长河里，无名的工匠或有名的画家们创作的绢本或纸本绘画，寺观、石窟、墓室壁画，各类雕刻、塑像，佛、罗汉图与水陆画等宗教绘画，民间年画与某些特定主题的绘本，等等，内容十分庞杂。至于织物纹样，一般指古代图像中人物服饰上的纹样，或人物所处场景中悬挂、覆盖、铺垫、包裹的织物（如帐幔、桌围、被褥、坐垫、地毯、书衣等）上的纹样。鉴于作者的知识背景，本书主要涉及以汉文化为主体的视觉图像，少数民族图像不在本书的考察范围之内。

尽管专业领域不同，但人们在观看古代绘画、壁画等艺术作品时，常常会被人物身上的服饰及其色彩纹样所吸引，会让眼睛在这些美丽的细节上多停留片刻。这些细节的意义何在？英国图像学家彼得·伯克（Peter Burke）的图像学专著《图像证史》（*Eyewitnessing*：*The Uses of Images As Historical Evidence*）中"透过图像看物质文化"的相关段落可以拿来说明这个问题。彼得·伯克是英国当代文化史学家，该书的主要内容是关于如何将图像（images）当作历史证据来使用。他认为："绘画、雕像、摄影照片等等，可以让我们这些后代（人）共享未经（用）语言表达出来的过去文化的经历和知识……它们能带回给我们一些以前也许已经知道但并未认真看待的东西。简言之，图像可以让我们更加生动地'想象'过去。"特别是在重现过去的物质文化如服装、室内、家具、工具等的过程中，图像有着特别重要的价值。比如服装，"许多服装遗留至今，已有千年之久。但是，要把这些服装搭配起来，找出哪件应当同哪件相配，必须参考过去的图像以及主要从 18 世纪或更晚的年代保存下来的时装玩偶"。而且，借助这些丰富的图像，"历史学家可以用它们来研究某个地区的不同社会群体的服装所保持的连续性以及发生的变化"。图像的另一个特别优势，"在于它们能迅速而清楚地从细节方面交代复杂的过程"。也就是说，图像不仅告诉我们过去某种物品的样子，在细节的交代上比文字更直接清楚，而且还可以呈现它的使用场合和使用方法，"换言之，图像可以帮助我们把古代的物品重新放回到它们原来的社会背景下。"① 这种"重新放回"对物质文化史的研究意义重大。

当然，图像的利用并非没有危险。因为图像是古代不同时期的人们制作的，作为视觉的遗留，图像在某种程度上不是没有失真的可能。彼得·伯克在书中也提出了这个问题，比如视觉的"套式"：以绘画为例，画家可能按真实存在的器物样子去画，也可能采用程式化的方法，比如表现室内家具、人物服饰时的程式化等。还有就是绘图者的动机，毕竟画家关注的是画面效果而不是真实地呈现器物，因此有些场景会变异、夸张，甚至加入幻想的成分。再就是参考、引用其他图像的问题。比如一个 18 世纪的

① ［英］彼得·伯克.图像证史.杨豫，译.北京：北京大学出版社，2008：107-132.

画家创作的一幅表现婚礼的作品，可能比较真实地反映了那个时代的现实，但也不排除他可能参考了 17 世纪的同类作品。因此，对图像的引证要充分考虑到这些问题，并与同一时期的出土实物或有关文献资料进行比较，才能最大限度地接近于历史的真实。

在中国古代物质文化史研究领域，视觉图像一直是学者们充分利用的材料。五代画家顾闳中的作品《韩熙载夜宴图》就是一个很好的案例，学者们利用绘画中展示的室内空间、家具、服装、乐器、陶瓷器具等进行分析，研究这场在一千多年前举办的豪华夜宴上究竟发生了什么，同时这些人物着装与场景也成为解读那个时代物质生活的重要证据（图 1）。在绘画中，我们不仅能看到器物的造型、尺度和装饰风格，而且能看到它们的摆放位置与使用方式，有一种身临其境的感受。另一方面，由于存在图像的真实性问题，学者们将图中器物的样式与出土文物或文献记载进行比对，从而得出有关绘画年代的不同结论。[①] 众多的中国古代图像同时也蕴含着丰富的织物纹样，特别是人物画，幸运的是，很多古代人物画是工笔彩绘的，对人物穿着的服装及使用的织物交代得比较清楚。如唐代张萱《捣练图》，纹样被精细描绘，服饰细节历历在目（图 2）。因此，我们才有可能对画中的织物纹样进行辨识，并与同一时期或不同时期的实物进行横向或纵向的比较，从中或许可以发现一些被人忽视的事实，为研究和复原古代物质文化提供佐证。同时我们认为，将这些纹样系统地呈现出来，对今天的人们更好地理解中国传统文化是有益的。传统文化

---

① 张朋川.《韩熙载夜宴图》图像志考. 北京: 北京大学出版社，2014.

▲图1　顾闳中《韩熙载夜宴图》（局部）
五代

▲图2 宋徽宗摹本张萱《捣练图》
唐代

不是空洞之物，生活方式是文化的重要载体，而装饰纹样是一个民族最有代表性的文化符号。在中国古代纺织史中，除蚕丝外，棉、麻、毛等纤维也曾先后被用作织物原料。但工艺最复杂、装饰最丰富、最受人们推崇的无疑是丝绸，这一点已被无数考古或传世文物所证实。丝绸承载了古代绝大部分织物装饰纹样，或者可以说，中国丝绸艺术史在很大程度上是由几千年来的装饰纹样书写的。

古代视觉图像浩如烟海，对这些图像进行分类是研究的第一步。首先，我们主要选择表现人物的图像，即人物画。一般来说，只有人物画中才会出现服装及其纹样，但也有少量描绘器物和动物的画中出现了织物纹样。比如对一个书案的写真可能会出现用

织物装裱的书籍，猫狗在庭院中嬉戏的画面背景中也会出现帐幔等。其次，根据图像的表现载体将其再细分为四类。第一类是历代职业或文人画家创作的绘画作品，如《簪花仕女图》《韩熙载夜宴图》《王蜀宫妓图》等。第二类是寺观、石窟、墓室壁画与彩塑，包括墓室中的彩绘俑。在这部分古代遗迹上可以发现大量服饰形象，特别是敦煌石窟，保留了从十六国时期至元代的大量壁画和彩塑（图3），其中唐代服饰纹样尤其丰富，已成为敦煌学研究的一个组成部分。唐宋时期的墓室壁画和人俑彩绘上也有不少织物纹样。第三类是古代保存下来的卷轴形式的水陆画（图4）。水陆画是汉地举办水陆法会时悬挂的卷轴画，

◀图 3　彩塑
唐代，甘肃敦煌莫高窟 45 窟发现

▶图 4　奉慈圣皇太后懿旨绘造
水陆画《天妃圣母碧霞元君众》
明代

用以超度亡灵、普济水陆鬼神，故绘有大量佛道人物，历史悠久，风格多样。这种可移动的宗教艺术品上均有大量织物纹样。第四类是民间年画与某些特定主题的绘本。年画受现存条件的限制，主要考察清代年画，如苏州桃花坞年画（图 5）、上海小校场年画、四川绵竹年画等。特定主题的绘本主要有两种，一种是戏曲人物扮相图谱，如故宫博物院与国家图书馆所藏《升平署图档》，还有一种是明清时期压箱底的春宫画，如《鸳鸯秘谱》等，描绘的织物纹样都较为丰富。在上述四类以人物为主题的图像资料中，我们一共采集了约两千幅左右的纹样，做成卡片，记录其出处、时代、收藏地点，对纹样形式做了较为详细的分析，并对其中的近三百幅做了复原。令人惊叹的是，这些图像中丰富的织物纹样，已经可以构建出一部中国丝绸艺术史了。

▶图 5　苏州桃花坞年画《美人浇花图》
清代康熙年间

目 录 CONTENTS

一 从图像中看唐代以前的丝绸纹样

中 国 历 代 丝 绸 艺 术

（一）史前及商周时期

最早在图像中出现服饰纹样的是史前彩陶人形陶罐。1973 年，甘肃秦安大地湾新石器文化遗址中出土了一个人形陶罐（图 6），高 31.8 厘米，口径 4.5 厘米。陶罐的口颈被设计为人的头部，披发，齐眉刘海，眉眼生动。罐身彩绘曲边三角形纹样，上下共三层，可理解为身穿花衣。此类彩绘人形陶罐不止一例，尽管我们无法确定画的是否为服饰纹样，但可以肯定与人体装饰有关。服饰起源于人体装饰的需要，当发明了能掩体御寒的衣裳后，先民们便将装饰的热情转移到了织物上。

明确出现服饰纹样的是商代的玉雕或石雕像，有几例，均出土于河南安阳。其中一尊为出土于安阳侯家庄商王陵的石雕残像（图 7）。雕像人物呈跪姿，双手放在膝上，半边已残。衣为右衽、交领、窄袖，衣长及膝，腰束绅带，前身有呈长条状的"蔽膝"自腰间垂下。衣领、袖口及下摆边缘都饰有勾连纹，腰带及前面的蔽膝上饰有叠胜纹。勾连纹指线条以近似 T 形勾

▲图6　人形陶罐
新石器时代，甘肃秦安大地湾遗址出土

▲图7　石雕像线描
商代，原件河南安阳侯家庄出土

连回转，叠胜也称"方胜"，指两个菱形压角相叠而成的纹样。
对比出土的同时期青铜器，发现此类纹样也用于青铜器的边缘
装饰，盛行于晚商至西周初。从纹样由短直线条构成的特点看，
该装饰表现的应该是提花丝织品。丝绸是中华民族的伟大发明，
基本装饰手段有提花、刺绣、手绘和印花等几种。由于早期技
术条件的限制，商代的提花机还不能织出自由流畅的曲线，故
提花纹样均为简单的几何纹，如勾连纹、曲折纹、菱纹、回纹、
叠胜纹等，这与在商代青铜器和玉器表面所发现的丝织品印痕
上的纹样是完全一致的。

▲▲图8　玉人及其线描
商代，河南安阳妇好墓出土

　　还有三尊商代雕像也表现了服饰纹样。一尊是河南安阳殷墟出土的玉人，一尊是殷墟妇好墓出土的玉人（图8），均作跪姿；另外一尊是安阳殷墟盘磨村出土的商代石人，作仰面坐姿。服饰均为上衣下裤制，装饰着满密的几何纹样，有云雷纹、龙纹、兽面纹和目纹等，在同时期的青铜器上也有着类似的纹样。纹样多用曲线表现，线条流畅，因此可以推断其为刺绣装饰。刺绣以针引线，在织物表面作自由穿刺而形成纹样，故不受技术限制，可以表现较复杂的曲线。从以上四尊商代雕像来看，人物衣着端庄、纹样华丽，应该是商代贵族的造像。其服饰纹样的题材、造型与风格，与青铜器装饰一致，体现了商代艺术的时代特点。

▲图9　陶范人物线描
东周，原件山西侯马东周古城遗址出土

　　西周时期着装人物的图像资料较少，且没有发现服饰纹样。
东周时期着装人物的图像资料，仅山西侯马晋都新田遗址出土了
人物陶范两例（图9），人物身着带纹样的服饰。一戴平顶帽，
上衣下裤，束绅带；一戴牛角冠，穿长袍，束绅带。衣袍上的纹样，
一为以雷纹构成的曲折线；一为以对角雷纹构成的条纹。两者均
为简单的几何纹样，表现的应是提花织物。

（二）战国秦汉时期

战国秦汉时期，考古出土的丝绸实物极为丰富，有一些重大的发现。其中最著名的，是湖北江陵马山一号战国楚墓和湖南长沙马王堆一、二号汉墓，以及新疆民丰尼雅古墓群，分别出土了战国、西汉至东汉时期的大量丝绸织物。这几处考古发现的丝绸，品种丰富，纹饰华丽，特别是东汉的五彩织锦和刺绣，证明了这一时期丝绸技术的进步和装饰艺术的辉煌。相比之下，同时期与服饰纹样有关的图像资料极其缺乏。这一方面是因为当时绘画的主要载体——帛画、漆画和壁画保存下来的极少，着装人物只有在墓葬中的彩绘俑和作为葬礼用品的非衣（帛画）上有所发现。秦始皇陪葬坑出土了规模庞大的兵马俑，一列列将士整装待发，阵容赫赫。汉墓中的男女木俑、陶俑也有不少，惜其中表现服饰纹样的都不多。本书仅举三例说明，一例为湖南长沙仰天湖战国楚墓，两例为湖南长沙马王堆一号汉墓，均出土了有服饰纹样的彩绘女俑。女俑着曲裾长袍，袍上的纹样很典型：一个为卷云纹（图 10），一个为茱萸纹（图 11，左侧女俑），一个为杯文（图 11，右侧女俑）。与马王堆汉墓出土的丝绸实物对比，可知卷云纹和茱萸纹应为刺绣，杯文应为提花罗。云纹翻卷流动，茱萸枝叶蔓延，与这一时期社会上流行的神仙信仰和佩茱萸以避凶趋吉的风俗有关。而所谓“杯文”，其实是一种大小菱形左右套叠的纹样，形似当时流行的漆耳杯，且文献上也有“杯文”的记载，故名。此三者均是战国秦汉时期最流行的装饰主题，见于出土实物，可见图像中的织物纹样同样真实地反映了时代的艺术风格。

◀图 10　彩绘女俑线描
战国，原件湖南长沙仰天湖
战国楚墓出土

▶图 11 彩绘女俑
西汉，湖南长沙马土堆
一号汉墓出土

▲图 12　壁画之夫妇对坐
汉魏时期，辽宁辽阳三道壕一号墓出土

（三）魏晋南北朝时期

　　魏晋南北朝时期表现服饰纹样的图像依然不多。这一时期出现了一批著名画家，如东晋的顾恺之，有作品《女史箴图》《洛神赋图》和《列女仁智图》传世，其他传世的作品还有南朝梁元帝萧绎的《职贡图》、北齐杨子华的《北齐校书图》等，这些绘画中的着装人物虽然很精彩，但服饰上均没有纹样。在墓室艺术方面，发现的壁画与陶俑不少，情况也差不多。这显然与染织技术无关，而是装饰风格的问题。辽宁辽阳汉魏时期的墓室壁画上，画了对坐在榻上的一对夫妇（图12），其中女子穿着红衣白裙，

▲▲▲图 13　朱漆彩绘屏风
北魏，山西大同司马金龙墓出土

裙子上有圆点构成的小朵花。山西大同北魏时期的司马金龙墓中
则发现了一块朱漆彩绘屏风，上绘穿着宽大衣裙的妇女，衣裙上
有散点分布的小圆圈纹样（图 13），类似的纹样在甘肃敦煌莫高
窟十六国、北魏与西魏时期的壁画人物服饰上也发现了好几例，
如 285 窟西魏彩塑天王的服饰。这是一种密集分布的点状扎染纹，
很像文献记载中的"鱼子缬"。鱼子缬流行于北朝，并延续到唐代。
如新疆阿斯塔那北区 85 号墓、甘肃敦煌佛爷庙均出土过鱼子缬
绢（图 14），新疆和田地区的山普拉墓地甚至出土了一件绞缬绢
对襟上衣，呈现的正是散点排列的圆圈纹样（图 15）。

▲图 14 鱼子缬绢
北朝，甘肃敦煌老爷庙遗址出土

▲图 15 绞缬绢对襟上衣
北朝，新疆和田山普拉墓地出土

　　北朝时期，来自波斯、粟特地区的装饰艺术，随着丝绸之路上中西文化交流的发展，也开始影响中原内地。波斯、粟特艺术在我国丝绸上最显著的影响，就是联珠动物纹样的输入与传播。目前考古出土的北朝联珠动物纹丝绸残片，主要发现于公元 6 世纪中期的新疆吐鲁番阿斯塔那墓地（图 16），其中最早的一片年代在公元 557 年左右。而公元 571 年葬于晋阳（今太原）的北齐贵族徐显秀，其墓室壁画上的两位侍女所穿的红色长裙上，也装饰着联珠动物纹样（图 17）。侍女穿着具有异域情调的丝绸衣裙，正是这种来自西方的丝绸纹样在中原地区开始流行的见证。

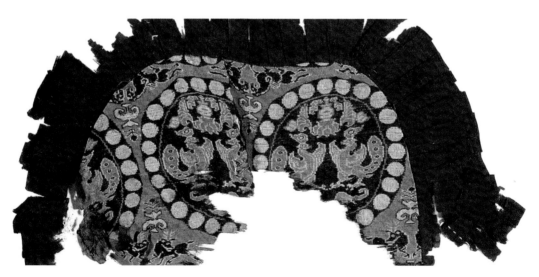

▲图 16　联珠对鸟纹锦
北朝，新疆吐鲁番阿斯塔那 169 号墓出土

▲图 17　壁画之夫妇并坐
北齐，山西太原徐显秀墓出土

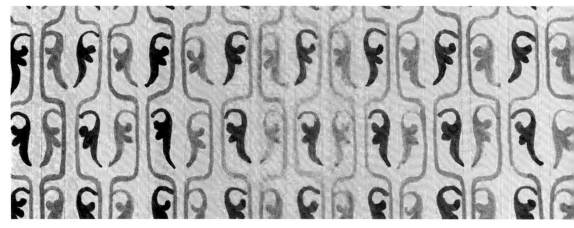

▲图 18　壁画人物披肩上的忍冬纹样复原
北魏，原件甘肃敦煌莫高窟 254 窟发现

敦煌石窟十六国至北朝时期的壁画中，所见的染织纹样相对多一些。纹样的装饰部位包括佛与菩萨身后的方巾、人物的衣饰与座垫、窟顶仿帷幔的彩绘等。从常沙娜先生所绘图像来看，这一时期的纹样仍较简单，菱纹、方格纹填以简单的朵花较多，装饰中新出现的主题是"忍冬纹"（图 18）。所谓"忍冬纹"，是指一种呈翻卷状侧面三叶样式的植物纹样，作为边饰纹样在石窟艺术中多见。这种纹样以一种中国植物——忍冬为名，其实来源很复杂，亦可以追溯到古代希腊与罗马的文化源头，并经过漫长而曲折的传播过程，由西向东，逐渐传到中国。忍冬纹的流行是这一时期中西文化交流的又一产物，并在唐代继续发扬光大。

中 国 历 代 丝 绸 艺 术

隋唐时期，图像中的染织纹样开始大放异彩，不仅数量多，且种类十分丰富。动物纹样、植物纹样、几何纹样、自然纹样均出现在人物服饰与生活用品上。这种现象与唐代社会趋于繁荣稳定、社会经济发展有关，也与这一时期社会对外来文化采取兼容并蓄的态度、审美上追求新颖华丽的风尚有关。视觉图像载体主要有绢本绘画、石窟壁画与彩塑两类，前者主要是指唐代流传下来的人物画，后者包括石窟、寺观与墓室艺术，而以石窟艺术为主。

（一）隋唐丝绸纹样的图像载体

1. 绢本绘画

隋唐时期的绢本人物画，主要可分为两类：第一类是宫廷绘画，如阎立本的《步辇图》《历代帝王图》，张萱的《虢国夫人游春图》《捣练图》，周昉的《簪花仕女图》（图19）、《挥扇仕女图》，佚名的《宫乐图》，等等。这些绘画以表现宫廷生活为主，或描写宫廷嫔妃奢华而慵懒的闲居生活，或描写宫女们的

▲图 19　（传）周昉《簪花仕女图》（局部）
唐代

手工劳作，或纪实描写历史场景。画中人物身穿华服，服饰上均有纹样，明丽动人，艳
而不俗，是隋唐五代时期贵族风尚的真实写照。第二类是考古出土的绢画，以新疆吐鲁
番阿斯塔那唐墓出土为多，特别是 1972 年阿斯塔那 187 号墓（图 20）和张礼臣墓出土
的屏风画残片（图 21），将一个个美丽动人的唐代女子呈现在我们面前，她们身上鲜艳
的锦衣花裙构成了其魅力的一部分，让今天的人们亦为之动容。

▲图 20　屏风画《弈棋仕女图》（局部）
唐代，新疆吐鲁番阿斯塔那 187 号墓出土

▲图 21　屏风画《乐舞图》
唐代，新疆吐鲁番阿斯塔那张礼臣墓出土

2. 石窟壁画与彩塑

　　佛教自东汉传入中国，佛教艺术也随之获得传播与发展。佛教寺院、石窟建筑沿丝绸之路向中原内地延伸，壁画与彩塑附丽在此类建筑中。为与佛教分庭抗礼，本土道教也建立起自身的图像体系。因此，石窟与寺观壁画、彩塑从南北朝起就不断发展，到唐代呈现出空前的繁荣，涌现了很多杰出的壁画作品，塑造了大量富丽多彩的人物形象。其中一些典型作品，更是以范本（粉本）的形式代代流传，千百年来发挥着重要影响。

这些壁画与彩塑人物形象生动、衣纹流畅、色彩富丽，有大量织物纹样蕴含其中。畅想唐代全盛之时，有多少富丽堂皇的寺观和精美绝伦的壁画！仅吴道子就在长安、洛阳两地，为寺观绘制壁画300余幅，被誉为"画圣"。画中人物衣服飘举，即所谓"吴带当风"，而与北齐画家曹仲达的"曹衣出水"相映生辉。惜几次"灭佛运动"和每一次的改朝换代使大量寺观成为废墟，民间高手也随之星散。

由于上述原因，一方面，唐代仅两座寺庙保存下来，且壁画较残，没有发现织物纹样，颇为遗憾；但另一方面，唐代在石窟艺术上也达到历史的高峰。特别是敦煌莫高窟，历经千余年保存至今，其中的壁画内容丰富，精美绝伦，是唐代绘画艺术的宝库（图22）。另外石窟中还保存了数以千计的彩塑，古代艺术家在塑造人物时，以敷彩的泥塑模仿丝绸衣裙、披帛及袈裟，使观者能真切地感受到衣纹下人体的质感。这些壁画与彩塑表现了佛、菩萨、罗汉、力士、供养人等众多的人物，身上的服饰以及身边的生活用品都有美丽的装饰纹样。常沙娜先生已经对敦煌艺术中的服饰图案做了多年的临摹、研究，并出版了《中国敦煌历代服饰图案》。除石窟外，唐代的墓室壁画也很出色，特别是陕西地区发现的贵族壁画墓，名作纷纭，气象万千，是中国绘画史上璀璨的明珠。考古发现的一系列唐代墓室壁画，形成了一个清晰的发展脉络。其中重要的有永泰公主墓（图23）、章怀太子墓与懿德太子墓等，墓室的墙壁上绘满了文臣武将、侍女男仆，衣着鲜丽，姿态各异。但遗憾的是，墓室壁画上的人物服饰较少装饰纹样，反而是一些三彩人俑更能直观地表达服饰与纹样，如陕西西安王家坟唐墓出土的唐三彩女乐俑（图24）。当然，最能系统地反映唐代服饰纹样的还是敦煌壁画（图25）与彩塑。

▶图 22　壁画之大势至菩萨
唐代，甘肃敦煌莫高窟 217 窟发现

▲图 23　壁画之宫女
唐代，陕西乾县永泰公主墓出土

▲图 24　唐三彩女乐俑
唐代，陕西西安王家坟唐墓出土

▲图 25　壁画之唐都督夫人太原王氏（临摹）
唐代，原件甘肃敦煌莫高窟 130 窟发现

（二）图像中的隋唐丝绸纹样

从唐代绘画、墓室艺术和石窟艺术看隋唐时期的丝绸纹样，可以说精彩纷呈，且纹样的类型与演变规律和同时期考古出土的丝织品基本相仿，或者说可以相互印证。而有些纹样是丝织品实物中未见的，则可以做有益的补充。

在唐代前期的绘画和石窟艺术中，可以发现从北朝开始兴起的联珠动物纹样。如初唐画家阎立本的《步辇图》（图26），题材是唐代礼部官员陪同前来求婚的吐蕃使者禄东赞，迎面朝向乘坐步辇前来的唐太宗。图中可以看到，唐太宗和官员身上的圆领袍没有纹样，而禄东赞（中者）却穿着联珠动物纹锦袍。这种联珠动物纹具有波斯或粟特地区的文化源头，传入中原后，似乎也以异域人士穿着为主，或专门为外销异域而设计生产。在文献记载中，有所谓"蕃客锦袍"，禄东赞身着的联珠动物纹锦袍，或许就是专门制作的"蕃客锦袍"，用于赏赐来访使者的。在敦煌莫高窟的唐代壁画和彩塑中，也能见到此类纹样。如联珠团窠内的飞马、搏狮、含绶鸟、对鸟、对狮等动物纹样，分别装饰于彩塑菩萨的衣裙、佩带上，以及卧佛头枕上（图27），有时联珠团窠也会被卷云团窠代替。除联珠圈内填动物外，还有大量联珠团窠内填朵花的纹样，花瓣呈中心放射状对称（图28）。这些纹样一般出现在隋、初唐与中唐，而且其题材和形式，均能在出土的唐代丝织品上得以印证（图29）。

▲图 26　阎立本《步辇图》（局部）
唐代

◄◄图 27　彩塑卧佛及其枕头上的
联珠含绶鸟纹样复原
唐代，甘肃敦煌莫高窟 158 窟发现

▲图 28　彩塑佛衣上的联珠朵花纹样复原
唐代，原件甘肃敦煌莫高窟 429 窟发现

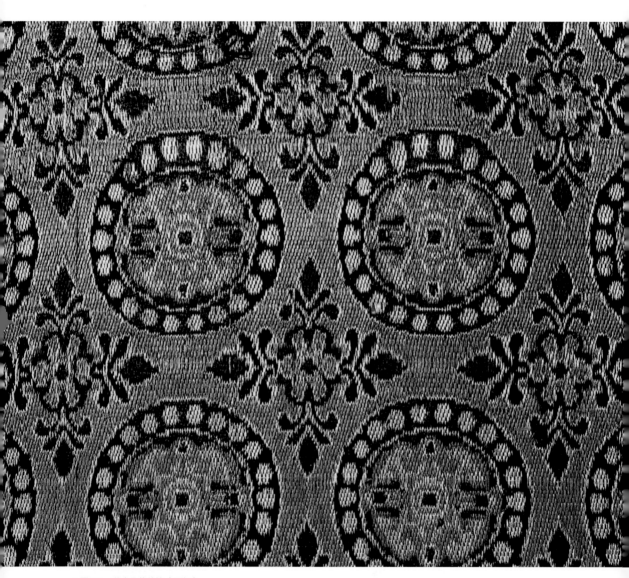

▲图 29　联珠朵花纹锦（局部）
唐代，新疆吐鲁番阿斯塔那 211 号墓出土

植物纹样也是在隋唐时期大放异彩的。我国早期的植物纹样以茱萸纹样为主，随着佛教的传播和胡风的吹拂，各种植物花卉纹样开始呈现在隋唐丝绸上。首先是瑞花纹样，所谓"瑞花"，就是花瓣呈中心放射状的朵花，有四瓣、五瓣和多瓣朵花。四瓣朵花也叫"十字花"，花瓣呈如意状的，一般称为"柿蒂纹"，如唐代《内人双陆图》弈棋女子的上衣纹样（图30）。柿蒂纹在唐代文献中有记载，如白居易在杭州刺史任上写的诗《杭州春望》："红袖织绫夸柿蒂，青旗沽酒趁梨花"，并自注云："杭州出，柿蒂花者尤佳也"。这种较简单的瑞花可以单独构成纹样，有清新雅洁的美感，也可以与几何纹样结合构成几何嵌花的效果，例如方棋瑞花、菱格瑞花、六边形的龟背瑞花。如果瑞花的花瓣外再伸展出花瓣，构成圆形花卉纹样，就是"小团花"。如果外围再环绕一圈又一圈的花卉与枝蔓，各种花卉或正或侧，层层开放，风格华丽繁缛，就是"大团花"。唐代流行的"宝相花"就是一种大团花，既花团锦簇，又疏密有致，是唐代装饰纹样的杰出代表。唐代保存至今的图像中常见的是各种团花的形象，如新疆吐鲁番阿斯塔那唐墓出土的《胡服美人图》，美人的领口和袖口上镶嵌着美丽的织锦，纹样有两种，一种是类似柿蒂纹的朵花，一种就是宝相花（图31）。

▲▲图30　周昉《内人双陆图》（局部）及其仕
女（左行棋者）襦上的柿蒂纹样复原
唐代

▶▲图31 《胡服美人图》（局部）及其美人衣领上的宝相花纹样复原
唐代，日本大谷探险队发掘于新疆吐鲁番阿斯塔那

◀图 32　彩塑佛衣上的团花纹样复原
唐代，原件位于甘肃敦煌莫高窟

敦煌壁画和彩塑中，大小团花更是数不胜数（图 32）。另外，
考古发现和博物馆收藏的唐代织锦中，也多见宝相花纹样，
如日本正仓院珍藏的某件包裹乐器的华丽的大宝相花织锦。
美国大都会艺术博物馆中也藏有大宝相花纹样的织锦残片
（图 33）。这种花开遍地的景象，从某种意义上说不正是
大唐盛世的象征吗？

▲图 33　宝相花纹斜纹纬锦
唐代

唐代植物纹样的另一趋势是卷草或缠枝花卉的流行。所谓"卷草"，一般以 S 形缠绕的藤蔓为骨架，配以各种花、叶、果，甚至安插动物，向一处或向四处蔓延，曲线灵动而充满生命的活力（图 34）。

卷草纹样的源头也在西方，最早出现在北朝时期的石窟装饰中，为一种呈翻卷状侧面三叶样式的植物纹样以波状结构的连续形式出现，学术界称为"忍冬纹"。二方连续排列的卷草一般用于边饰纹样，也出现在图像人物的衣饰中；若两茎卷草相对排列，或互相交缠，或不相交缠，则会出现由两个弧形相对形成的空间，如波浪般延伸，一般称为"对波"骨架，在骨架上对称排列花、叶、枝蔓甚至动物，在唐代也十分常见。唐代名画《捣练图》中的仕女，身上衣裙和披帛上的纹样，有团花、卷草、龟背瑞花、菱格瑞花等多种，与人物的体态和动姿相配，极为优美生动（图 35、图 36）。

▶图 34　壁画上的卷草纹样复原
唐代，原件甘肃敦煌莫高窟发现

▲▶图 35　宋徽宗摹本张萱《捣练图》（局部）及其宫女襦上的菱格瑞花纹样复原
唐代

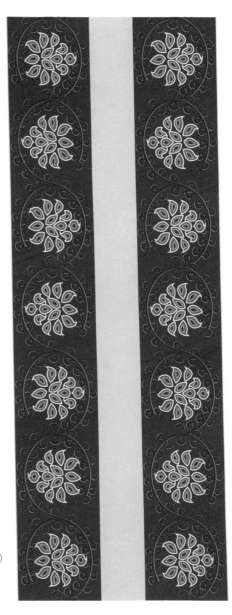

◄▶图 36　宋徽宗摹本张萱《捣练图》（局部）
及其宫女披帛上的卷草纹样复原
唐代

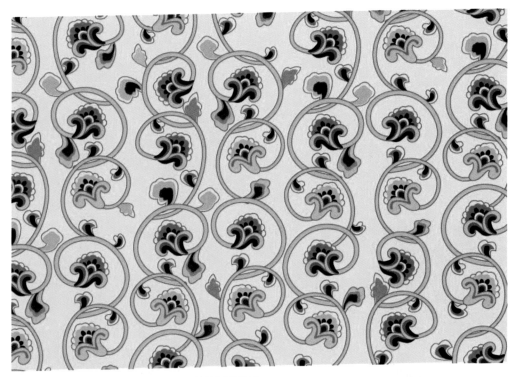

▲图37 屏风画《乐舞图》中舞女半臂上的缠枝莲花纹样复原
唐代，原件新疆吐鲁番阿斯塔那张礼臣墓出土

　　缠枝花卉纹样是从卷草纹发展而来，以卷曲的枝蔓为骨架，上缀花卉、果实和枝叶，但一般强调花卉，四方连续排列，形成满地是花的效果。新疆吐鲁番阿斯塔那唐代张礼臣墓出土的屏风画《乐舞图》（见图21），风姿绰约的唐代舞女穿的半臂上就装饰着缠枝莲花纹样（图37）；在敦煌石窟的唐代彩塑中，也可以看到缠枝葡萄纹样（图38）。"葡萄美酒夜光杯，欲饮琵琶马上催。"葡萄是一种西来的植物，汉代开始引进中国，在中国的土地上生长。新疆吐鲁番出土的唐代刺绣上，也发现过葡萄纹。可以说，缠枝花卉纹在中国的流行始于唐代并在后世得到了极为广泛的应用。

▲图 38　彩塑佛弟子身上的缠枝葡萄纹样复原
唐代，原件甘肃敦煌莫高窟 334 窟发现

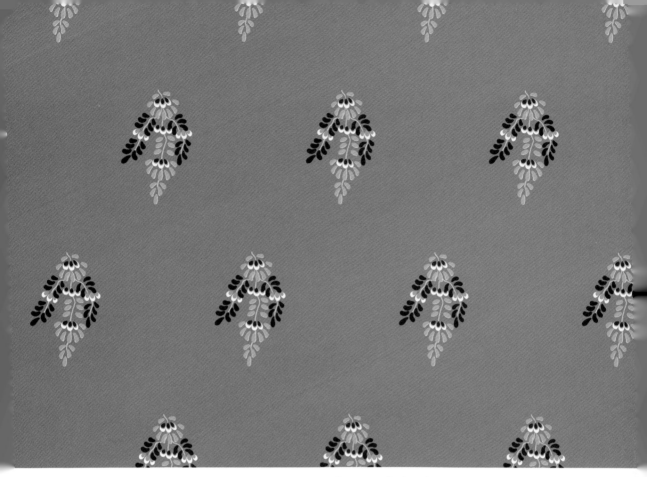

◀▲图 39　屏风画《弈棋仕女图》（局部）及其仕女衣裙上的紫藤花纹样复原
唐代，新疆吐鲁番阿斯塔那 169 号墓出土

　　在植物纹样上开启新潮流的还有折枝花。所谓"折枝"，
顾名思义就是一枝折断的花，有花头、花苞和叶子。与缠枝不同，
折枝花的枝梗一般不相连，彼此间断，布局匀称，有一种均匀
和谐的美感。如前述张礼臣墓出土的屏风画《弈棋仕女图》，
有一观棋女子所穿的石榴红裙上饰有一串串紫藤花纹样，枝叶
不相连续（图 39）。

敦煌壁画中此类纹样的应用更多，特别是都督夫人太原王氏及其侍女的服饰纹样，多为带枝叶的花卉作散点分布，但花型仍然是概念性的，并不指向现实中的任何具体花卉（图24）。写生折枝花是从宋代开始流行的，总体来说，唐代还是以瑞花、团花、宝相花为主，但后期出现了向折枝花方向发展的趋势。

在几何纹样方面，除了传统的方棋、菱形、曲折线外，新出现了龟背纹和锁甲纹。龟背纹也有着西方的源头，与方棋、菱形一样，往往与瑞花结合，形成几何填花的纹样，如《捣练图》中持木杵女子的披帛（图40）。在出土文物中，新疆吐鲁番阿斯塔那北朝墓中就发现过龟甲纹绫（图41）。锁甲纹来源于古代将士所穿的锁子甲，即一种由铁丝做成的小曲环相互套扣而成的一种柔性铠甲，相当于在战袍外披上一层铁丝网，以防冷兵器伤害。与龟背纹一样，锁甲纹的流行也是从宋代开始的，但我们在敦煌壁画中也已发现了它的早期踪迹（图42）。

▶▶图40 宋徽宗摹本张萱《捣练图》中的仕女披帛及其上的龟背瑞花纹样复原
唐代

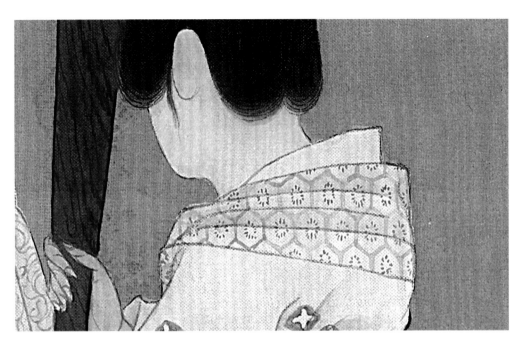

◄图41 龟甲纹绫
北朝，新疆吐鲁番阿斯塔那北朝墓出土

▶图42 壁画中舞蹈人物地毯上的锁甲
纹样复原
唐代，原件甘肃敦煌莫高窟发现

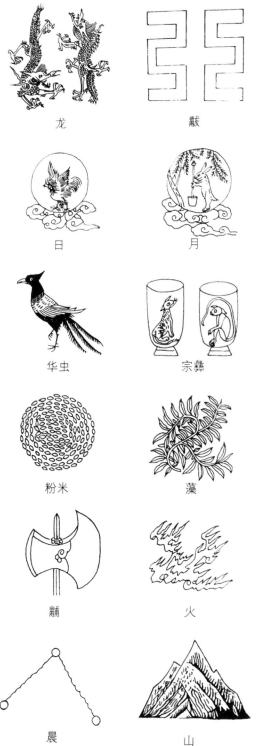

龙　　　黻

日　　　月

华虫　　宗彝

粉米　　藻

黼　　　火

晨　　　山

最后，染织纹样中的云纹，从汉晋时期的连绵不断的流云，变成了唐代相互间隔的朵云。与后世程式化的四合如意朵云不同，唐代的朵云比较简单，目前只在敦煌壁画中发现，而且与云纹相关的还有山纹，呈现出青山耸秀、祥云飘绕的美感。象征皇权的十二章纹，虽然被记载在《尚书》《周礼》等早期典籍中，实物的发现则晚至明代定陵出土的万历皇帝的龙袍。不过我们可以在唐代阎立本所作的《历代帝王图》中见到帝王祭服上的日、月、黼、黻等若干章纹（图43），敦煌壁画中也发现了十二章纹，证明它们作为象征纹样的确用于历代帝王的重要礼服上。

◀◀图43　（传）阎立本《历代帝王图》（局部）及后世的十二章纹
唐代

中国历代丝绸艺术

宋辽金元时期，绘画艺术有了极大的发展，包括人物画，有不少这一时期的绘画包括纸本和绢本作品保存下来。另一方面，作为石窟艺术的代表，甘肃敦煌莫高窟还保存了一些宋代至元代的壁画和彩塑，与此同时，墓室壁画和寺观壁画也占据了一定分量。这一时期的墓室壁画依然精彩，特别是发现了不少辽金时代的壁画墓，而宋元寺观建筑，也有相当多的精彩壁画保存至今，其中的杰出代表是山西芮城永乐宫三清殿的道教壁画，不仅众神济济一堂，场面宏大，服饰上的纹样也历历在目，为我们了解宋元时期的丝绸纹样提供了珍贵材料。

（一）宋辽金元丝绸纹样的图像载体

1. 宋辽金元时期的绘画

宋代人物画中，描绘服饰纹样较精细的主要有四类：一是道释人物画；二是肖像画；三是风俗人物画；四是历史题材画。

第一类道释人物画有佛、菩萨、罗汉以及道教诸神等，其中

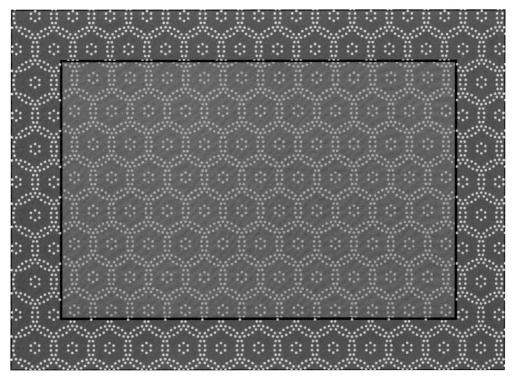

▲▲图44　刘松年《十六罗汉图》及其罗汉袈裟上的球路纹样复原
南宋

尤以佛教的罗汉图和十王图等题材最为流行，如贯休和刘松年都画过《十六罗汉图》（图
44），惜相关作品遗留下来的极少。除文人画家的创作外，还有一部分是浙江宁波、福
建等地的民间画师所作，如陆信忠、金大受就是留下名字的宁波画匠，画过罗汉图、佛
涅槃图、十王图等宗教题材。这些绘画作品当时作为外销画流入日本各地的寺院中，现
主要保存在日本与美国的博物馆中。罗汉画在美术史上被分为较粗放的野逸相和较精细
的世态相两种，特别是后者，一般设色富丽，描画精细，罗汉形象接近人间僧侣，除本
身服饰外，且注意周围环境的陪衬，将僧袍、袈裟、椅披、坐垫等织物的纹样、配色画

得很清晰，细节到位，具有极强的真实感。如收藏于日本东京国立博物馆的《十六罗汉图》（图45）和美国波士顿美术馆的《五百罗汉图》（图46），罗汉们大多衣饰随意，配色淡雅，纹样以线条构成的几何纹为主，有一种超凡脱俗的美感。《十王图》描绘的则是冥府十王审狱的场景，宣扬轮回报应，流行于宋元时期，大多设色浓艳，对比强烈，纹样以大朵的团花为主。元代人物画中，《十六罗汉图》（或加二尊者合为《十八罗汉图》）、《十王图》等依然是流行的道释人物画主题，工笔重彩，服饰与道具多见精美的织物纹样。如收藏于南京大学考古与艺术博物馆的《伐阇罗弗多罗尊者图》，尊者的袈裟上装饰着水波与梅花，正是后世盛行的流水落花纹的一个早期实例（图47）。

▲图45　金大受《十六罗汉图》（局部）
南宋

▶图46　周季常、林庭珪《五百罗汉图》（局部）
南宋

▲▲图47　《伐阇罗弗多罗尊者图》（局部）及其尊者袈裟上的流水落花纹样
元代

第二类是人物肖像画，特别是宫廷帝后和佛教大师的画像，均有精细的纹样表现。前者如《宋仁宗皇后像》，身穿十二翟鸟大礼服的皇后端坐龙椅，旁有二侍女站立，三人的礼服及椅披上均有丰富的织物纹样（图48），后者如日本泉涌寺藏《南山大师像》，人物亦端坐椅上，画家将两重椅披上的团花和几何花卉纹样表现得十分细腻，体现了宋代织物清秀朴雅的风格（图49）。元代宫廷人物画中，帝后御容的描画也很精美，一般以半身肖像画为多，均为蒙古贵族装扮，女性戴姑姑冠，穿交领大袍，宽阔的领子镶边画出纳石失（一种元代织金锦）精美的纹样，极具时代特色（图50）。

▲图 48 　《宋仁宗皇后像》（局部）
宋代

▶▶图 49 　《南山大师像》及其椅披上的团花纹样复原
宋代

三是人物风俗画，宋元时期，人物风俗画兴起，以细腻的笔法描绘人间生活，既有表现宫廷活动的《元世祖出猎图》（图51），也有反映民间风俗的作品，如《货郎图》《婴戏图》《妆靓仕女图》《大傩图》等。以《大傩图》（图52）为例，画面表现人们举行大傩仪式、驱除厉疫时的场面，12位舞者穿戴各异，手持各种器械踏着鼓点起舞，人物造型古朴，难得的是衣纹细致，纹样丰富多彩。还有一些人物画类型如历史画也多

▲图50 《元世祖后像》（局部）
元代

▲图51 刘贯道《元世祖出猎图》（局部）
元代

有织物纹样，其中最出色的是记载南唐一场豪华宴会的《韩熙载夜宴图》，不仅反映了当时的室内景观和人物着装风格，而且服饰与室内织物上也有着丰富的纹样（图 53）。至于"文会图"一类描绘文人雅集的作品，反而因强调质朴清雅的着装风格而少有纹样。此外，一些工笔表现的仕女画中也可以见到丝绸纹样，但数量不多。

▲图 52 《大傩图》（局部）
宋代

▲图 53 顾闳中《韩熙载夜宴图》（局部）
五代

▲▲图 54　陈居中《文姬归汉图》（局部）
南宋

　　第四类历史题材画也取得了卓越的成就。宋王朝经济文化发达，但周边强敌环伺，外患严重，北宋亡于金，南宋亡于元，因此该时期强调"华夷之别"，对北方游牧民族的态度不似唐代那样开放宽容。在绘画题材上，有关民族关系的题材也较流行，如《昭君出塞图》《文姬归汉图》等。如南宋画家陈居中的《文姬归汉图》，画汉使持节备驾迎候蔡文姬从匈奴回归的场景，图中文姬与左贤王对饮（图 54），令人感叹的是，图中左贤王的着装打扮与袍服上的滴珠窠纹样，正与历史上蒙古贵族的一种织金锦——纳石失上的常用纹样相吻合，并与汉使在着装上形成对比，可见画家对细节的重视及观察的细致入微。

2. 宋辽金元时期的墓室壁画

宋辽金元时期，经考古发现的墓室壁画极为精彩，不仅数量多，而且绘画保存情况也较好，内容以描绘墓主人生活场景、门吏随从、男女侍从、备酒点茶、鞍马出行、舞伎散乐等等为主。人物着装有些刻画精细，有些粗犷，但都反映了时代的特点。其中刻画服饰纹样较多的，是辽代墓室壁画。辽代壁画墓主要分布在东三省、内蒙古、北京、河北及山西等地，其中规格较高的集中在"五京"地区。特别是内蒙古阿鲁科尔沁旗宝山 1 号、2 号辽墓，河北宣化下八里 7 号张文藻墓，绘制较为精彩。我们可以在壁画中看到契丹人与汉人不同的发型与着装，以及两者之间的互相影响。

内蒙古阿鲁科尔沁旗宝山 1 号、2 号辽墓清理于 1994 年，墓内壁画保存基本完好。两墓葬共有壁画 120 平方米，其内容以人物为主，兼及植物、动物。各类人物共 46 个，其中有男女主人、侍从、牵马童、守门侍卫等。完整的画面有《颂经图》《寄锦图》《降真图》等，人物多数身着唐装，女性体态丰腴、面部圆润、服饰华丽，保持着唐代装束的基本特点（图 55）。河北宣化辽墓壁画，墓主为辽检校国子监祭酒张世卿，共有壁画约 86 平方米，描绘了墓主人生前的豪华生活，其中《散乐图》描绘由 12 人组成的乐队和舞蹈者，人物比例正确，姿态生动，服饰具有汉族官员特色，极为精彩（图 56）。

◄图 55　壁画《寄锦图》（局部）
辽代，内蒙古阿鲁科尔沁旗宝山 2 号辽墓出土

▲图 56　壁画《散乐图》
辽代，河北宣化下八里张文藻墓出土

▲图57　壁画《于阗国王礼佛图》（冯仲年临摹）
五代，原件甘肃敦煌莫高窟 98 窟发现

3. 宋辽金元时期的石窟壁画

宋元时期的石窟艺术，其中壁画和彩塑最出色的，还是敦煌石窟。敦煌在五代至宋时期分别受归义军、曹氏地方政权、回鹘统治，后又纳入西夏和元朝的版图。这一时期继续开凿石窟，创造出众多壁画与彩塑，其艺术风格与唐代有所不同。除了佛、菩萨、金刚、罗汉等宗教人物和宗教故事外，还有较多上层贵族的礼佛图以及供养人形象，是了解这段复杂历史时期民族服饰和装饰纹样的宝贵材料。如敦煌曹氏归义军时期，莫高窟 4、98、454 窟，榆林窟 31 窟均出现了于阗国王供养像，这与曹氏统治者与于阗和回鹘的联姻有关（图57）。回鹘夫人的着装形象也出现在莫高窟和榆林窟的多处壁画中，其中以榆林窟 10 窟的最具代表性，壁画保存完好，画面上夫人身穿弧形翻领、窄袖紧口、红色通裾长袍，衣领和袖口上绣以精美的凤鸟花纹。而北宋莫高窟 61 窟所绘供养人，仍然穿着类似的回鹘装（图58）。之后敦煌属于西夏统治时期，信奉佛教的党项族开窟造像，同时也在石窟壁画上留下了西夏供养人的形象（图59）。综观这一时期的人物服饰特点，回鹘服装、汉族服装、西夏服装并存，但服饰上的装饰纹样基本上沿袭了唐代以来的传统。

▶图58　壁画之供养人图像复原
北宋，原件甘肃敦煌莫高窟 61 窟发现

▲图 59　壁画之供养人
西夏，甘肃敦煌榆林窟 29 窟发现

4. 宋辽金元时期的寺观壁画

宋辽金元时期保留到今天的寺观数量比唐代多。其中宋、辽、金时期的寺观，著名的分别有山西高平市开化寺大雄宝殿、朔州市崇福寺弥陀殿、繁峙县岩山寺文殊殿等，应县木塔底层墙壁上也绘有辽代壁画。虽然寺观壁画表现的是宗教人物和故事，但人物穿着形象及生活景象都在一定程度上反映了时代风貌，出现了航海、捕鱼、织布、耕作等场景。遗憾的是，这一时期的壁画人物的服装较少描绘纹样，这可能与人物场景众多，重故事情节而较少细部刻画有关。

元代寺观中壁画保存下来的也有不少，大部分在山西。其中服饰纹样较丰富的，一是芮城县永乐宫，二是洪洞县水神庙，其中又以永乐宫为最，其三清殿壁画是我国最负盛名的道教艺术杰作。永乐宫原位于山西省南部的芮城县永乐镇，20世纪50年代后期，因兴建三门峡水库迁建到北郊。这是一组元代道教宫观建筑群，现存元代建筑有龙虎殿、三清殿、纯阳殿、重阳殿等四座，其内均有精美壁画，总面积达1000多平方米。其中三清殿内的《朝元图》描绘了道教诸神朝拜原始天尊的壮观景象，于1325年完工，共计绘神祇292尊。场面恢宏，气势非凡，绘技精湛，功力深厚，堪称元代壁画登峰造极之作。《朝元图》所绘诸神服饰庄重舒展，服饰纹样以几何纹为主，卷草纹、龙纹、团花纹也多有出现，其中滴珠窠纹样具有鲜明的时代风貌，此外带有写意风格的山水纹也颇具特色（图60、图61、图62、图63）。永乐宫壁画中的织物纹样典雅秀美，色彩偏爱冷色调的石青、石绿，少量运用朱砂、石黄、赭石等。

| 图 60 | 图 61 | 图 62 | 图 63 |

▲图 60　壁画《朝元图》之南极长生大帝，元代，山西芮城永乐宫发现
▲图 61　壁画《朝元图》之怀抱琵琶袋侍女，元代，山西芮城永乐宫发现
▲图 62　壁画《朝元图》之仙曹，元代，山西芮城永乐宫发现
▲图 63　壁画《朝元图》之传经法师，元代，山西芮城永乐宫发现

　　洪洞县水神庙是一座祭祀水神的地方风俗性庙宇，其明应王殿绘有我国古代少见的不以佛道为内容的元代壁画。殿内除了有明应王像和侍女、大臣等泥塑外，四壁还绘满了各种内容的壁画，特别是南壁东侧绘有一幅《大行散乐忠都秀在此作场》的戏剧壁画（《杂剧图》），是我国目前发现的唯一的大型戏剧壁画，人物服饰和作为背景的帷幔等物上都有纹样，使人仿佛目睹元代戏剧演员穿着角色服装走上舞台，鲜丽的纹样历历在目（图64）。另一幅壁画《尚食图》则描绘水神明应王的后宫生活，美丽的宫女们手捧各类食器，也有蹲下就炉煮食的，服饰、器物都画得一丝不苟，花卉纹散点排列在衣裙上，令人过目难忘（图65）。

▶图64　壁画《杂剧图》
元代，山西洪洞水神庙发现

　　值得一提的是，作为地面文物大省的山西，有一些杰出的壁画早在 20 世纪 20 年代就已流失海外，其中有稷山兴化寺元代壁画、稷山青龙寺元代壁画、洪洞广胜寺元代壁画等，但最出色的壁画《神仙赴会图》却没有原始记录，成为来历不明的巨作。该壁画现藏于加拿大皇家安大略博物馆，其艺术水平之高、图像内容之丰富、保存情况之完好，可以说与永乐宫三清殿《朝元图》合为双璧，且两者在画风上有着极其密切的关系。《神仙赴会图》中诸神服饰上也有精彩的纹样，其装饰部位、题材与风格与《朝元图》如出一辙（图 66）。

▲图66　壁画《神仙赴会图》东壁后部的金星
元代，晋南平阳一带发现

（二）图像中的宋辽金元丝绸纹样

宋辽金元时期的丝绸纹样，图像上的与出土实物上的比较，仍然具有相当大程度的相似性，可信度甚高。主要表现出以下几方面的特点。

第一，是团花纹样的盛行。宋辽金元时期，团花纹样与唐代繁盛华丽的大团花——宝相花有所区别，不再是正侧相间、层层叠叠的结构，但依然保持团花的基本造型，或花瓣呈中心放射性对称，或者两朵花作上下或旋转对称排列，或由几朵小花集合构成一个团花。中心对称的团花数量较多，如《东丹王出行图》中骑马回首、手持马鞭的红衣男子，在衣袍的前胸、后背、双肩、两袖、前后下摆等处安置团花（图67）。

▲图67　李赞华《东丹王出行图》（局部）之红衣男子
五代

▲图68　壁画之汉人侍从
辽代，辽宁朝阳建平县黑水镇一号辽墓出土

又如收藏于日本泉涌寺的《南山大师像》，人物所坐椅子的椅披上也饰有团花，七个如意状的花瓣围绕中心构成一个团花，中心为较小的联珠团龙纹，作密集分布（见图49）。上下对称的团花也很多，如辽宁省朝阳市建平县黑水镇一号辽墓壁画中的汉人侍从，就穿着牡丹纹团花圆领袍，由上下两朵对称的牡丹构成的大团花点缀于袍服的不同位置（图68）。收藏在日本奈良国立博物馆和神奈川县立历史博物馆的《十王图》，阎王和小鬼身上也不乏这几种团花纹样（图69）。团花可以点缀在袍服的特定位置上，也可以作四方连续排列。宋辽金元时期继承和发扬了唐代形成的团花纹样，尤以辽代为甚，并一直延续到清代，该纹样也成为中国传统丝绸纹样的一大类型。

▶▶图 69　陆信忠《十王图·
平等王》中的小鬼（图中上者）
及其身上的团花纹样复原
南宋

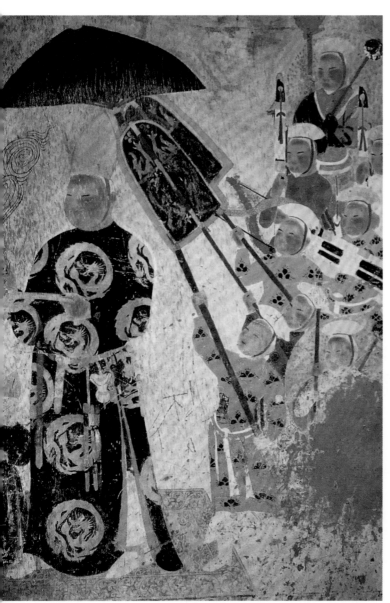

第二，是团龙与团凤、团鹤等团窠动物纹样的成熟。龙与凤自古以来是装饰纹样的主题，战国秦汉时期的龙与凤身形细长，穿插在卷曲的枝蔓或流动的云气中，动感十足。唐代出现团窠纹样后，龙与凤也成为团窠纹样的主题，或联珠团窠，或花环团窠，内填两两相对或独立的龙与凤。到五代至宋元时期，呈盘旋形的团龙或对飞状的团凤形象逐渐增多。敦煌莫高窟 409 窟东壁《西夏国王进香图》中，国王头戴白鹿皮弁，身穿圆领团龙纹样窄袖袍（图 70）；

◀图 70　壁画《西夏国王进香图》
西夏，甘肃敦煌莫高窟 409 窟发现

▲▲图71 （仿）李公麟《维摩居士像》（局部）及其中的团龙纹垫毯纹样复原
宋代

日本东福寺藏《维摩居士像》中，维摩居士盘坐在床榻上，垫毯装饰着团龙团鹤纹样（图71）。元代团龙与团凤纹依然流行，如日本一莲寺藏《释迦三尊像》，文殊菩萨座狮身上的背褡边缘饰有红地团凤纹；山西洪洞水神庙的元代壁画《杂剧图》，其中站在舞台左侧的青袍男子，圆领袍的胸背处饰大团龙纹，两肩也饰团龙纹；而舞台右侧的黄袍男子，前胸后背饰大团鹤纹，两肩饰较小团鹤纹，令人联想到两者所扮演角色的尊贵身份（见图64）。

图 72　顾闳中《韩熙载夜宴图》（局部）
五代

▲图 73　任仁发《张果老见明皇图》（局部）
元代

　　另外，《韩熙载夜宴图》中有位持扇侍女，却身穿团窠对雁袍（图 72）。团窠对雁是唐代官员专用服饰纹样，是朝堂上尊贵身份的象征，而五代时期身份较低的侍女穿着这一纹样，应该是前朝贵族标志在后世特定场合的再现，不是低层人士不分场合皆可穿用的纹样。元代任仁发的《张果老见明皇图》（图 73）则体现了另一种情况，该作品描述的情节出自《明皇杂录》，是张果老在明皇座前施法术的盛唐故事。唐明皇着黄袍，张果老着青衣，四位宫廷侍从官的服饰上也纹饰鲜丽，圆领袍的前后分别饰有四个大团窠，团窠内或为旋转对称的花卉，或为对雁，线条流畅，服饰衣纹一丝不苟，体现了元代士大夫任仁发对大唐盛世的追念。

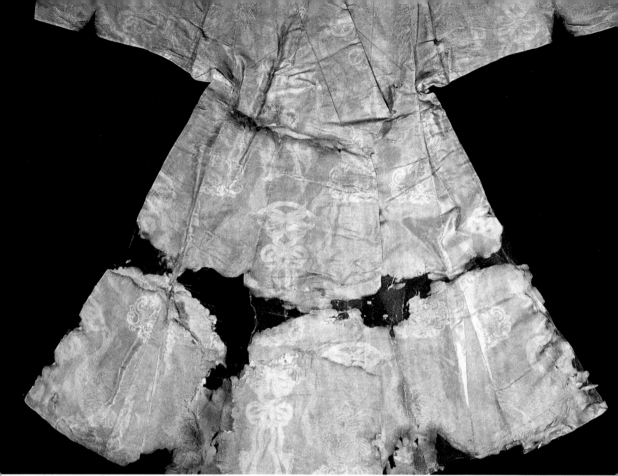

▲ ◀图74　雁衔绶带纹锦袍及其纹样复原
辽代，内蒙古代钦塔拉辽墓出土

由契丹民族建立的大辽国，在服饰文化上却更多地保留了晚唐风貌。当宋代中原王朝的审美转向生动的写生花卉和淡雅的配色时，辽代衣冠却还在演绎团窠动物纹样，团窠中的动物有对雁、对鹅、对鸭、奔鹿等，体现了北方民族的审美时尚。多年来的考古发掘出土了很多精美的辽代丝绸，包括基本完整的团窠图案袍服，如内蒙古代钦塔拉辽墓出土雁衔绶带纹锦袍（图74），而在墓室壁画的人物服饰上，也屡见团窠动物纹样，如内蒙古巴林左旗辽墓壁画上着团窠鹿纹袍的契丹仆从等（图75）。

第三，从宋代开始，自然花卉的题材便大行其道。宋元时期的花卉纹样，可以分为四个类型：一是各种小朵花纹样；二是缠枝花卉，是唐代卷草纹样的发展；三是折枝花卉，以写生花卉为主；四是花与鸟的组合，在图像中多见。

▲图75　壁画之身着团窠鹿纹袍的契丹仆从
辽代，内蒙古巴林左旗辽墓出土

　　各种小朵花是图像中女性服饰最常见的装饰纹样。究其原因，一方面表现了女子服饰的美丽，另一方面又不会喧宾夺主，让观众把注意力放在人物身上。这种小朵花，一般花瓣围绕花心呈放射状排列，以花头为主，不表现枝梗，呈散点分布；如《宋仁宗后坐像》中侍立两旁的宫女、《韩熙载夜宴图》中吹笛的女优、水神庙壁画《尚食图》中的侍女以及敦煌壁画中的女供养人或陪同主人朝佛的侍女们，衣裙上多饰各类小朵花。而所谓缠枝花卉，指用卷曲的枝条把花头包缠起来，突出主花，同时在枝条上安排叶片和花蕾，有二方连续和四方连续等形式。如水神庙壁画《杂剧图》，立于中间的红袍官员两边的，是着锦缘袍的两位男子，袍子的领、袖、下摆、双肩都装饰了缠枝牡丹纹织锦。宋代绘画《宋宁宗后坐像》身后的椅披（图76）、《戏猫图》中的帷幔边缘，都能见到华丽的缠枝花卉纹样。其中《戏猫图》中帷幔的主体纹样是一写生的牡丹，以花头和花叶构成一朵团花，而周边以小朵花形成虚拟的龟背形骨架，华丽动人，视觉效果与缠枝花卉纹相似（图77）。折枝花卉则基本上都是写生花，即大自然现实中的花，可以辨识出牡丹、梅花、海棠、莲花等不同花型，枝、叶、花齐全，在福建福州南宋黄昇墓出土的绫罗织物上有不少实例，图像如水神庙壁画中的持盘侍女身上的衣裙以及《冬日婴戏图》中两个孩童身上的衣带和领袖装饰，后者与黄昇墓中出土女式衣衫上的衣领纹样有很高的相似度（见图78）。

▶▶图76　《宋宁宗后坐像》及其人物身后的缠枝花卉纹椅披细节
南宋

▲▶图 77 《戏猫图》及其中的帷幔纹样复原
南宋

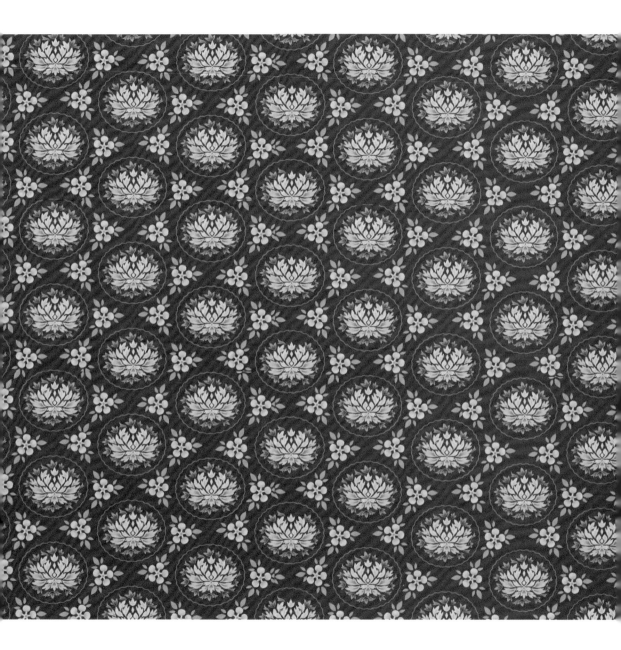

◄►图 78 （传）苏汉臣《冬日婴戏图》
及其儿童衣衫上的球路纹样与龟背瑞花纹样
北宋

图 79 壁画《于阗皇后曹氏进香图》（临摹）
五代，原件甘肃敦煌莫高窟 98 窟发现

花与鸟纹的组合，在唐代敦煌壁画中多见，出土实物中也有不少，是宋元时期高度发达的花鸟画艺术在装饰纹样中的反映。图像中的例子见敦煌莫高窟98窟壁画中的曹氏家族供养人的衣裙、披帛（图79）和61窟壁画中北宋供养人衣袍的翻领纹样。实物中的例子多为刺绣和缂丝，如敦煌莫高窟藏经洞出土过花鸟纹刺绣，而百花丛中凤舞鹊飞的纹样，称为"紫鸾鹊"，是宋元时期装裱用织物的经典纹样（图80）。

▶图80 缂丝《紫鸾鹊谱》
北宋

第四，宋代也是几何纹样的大发展时期，正是在宋代，奠定了中国几何纹样的艺术特色，形成了今天仍在流行的宋锦纹样。最集中展现几何纹样的当属《营造法式》，这本成书于北宋晚期的建筑工程技术规范之书在"彩画作"中记录了当时大量建筑彩绘纹样，并将几何纹样的琐纹单独列为一个大类："琐文有六品：一曰琐子、联环琐、玛瑙琐、叠环之类同；二曰簟文，金铤、银铤、方环之类同；三曰罗地龟文，六出龟文、交脚龟文之类同；四曰四出、六出之类同；五曰剑环；六曰曲水。"尽管不能直接对应于丝绸纹样，但其中很多纹样类型和名称与文献记载中的丝绸纹样是一致的。其中锁子、簟文、金铤、银铤、龟文、曲水等几何纹样，加上书中记载的球路纹，均流行于宋元丝绸织物上，既有实物案例，也同时在视觉图像中反映出来。

记录宋元时期几何纹样最丰富的是山西芮城县永乐宫元代壁画《朝元图》。在三清殿的三面墙壁上所绘的众多仙家人物，那潇洒的线条构成了天衣的满壁风动，然而仔细看去，衣服的领口、袖边、衣带以及仙家手中和身边的织物上，都有精彩的纹样，且多为几何纹，有龟背、金铤、银铤、球路等等（图81、图82），至于四出、六出，可能是一种圆环与直线交错的编织纹样，亦可在群仙的衣领中发现。锁文在晚唐已经出现，簟纹是一种经纬交织的席纹，曲水是直线正交构成的连绵不断的纹样，有卍字、工字曲水等，这些都在后世的丝织品上得以广泛应用。元初的《蜀锦谱》记载了这些纹样名称，明清时期，在江南兴起的宋锦正是以这些精彩的宋式几何纹样而著称的，此为后话。除永乐宫壁画外，在宋元时期绘画、辽金元时期墓室壁画上也能处处发现这些几何纹样。如内蒙古阿鲁科尔沁旗宝山2号墓壁画《寄锦图》《颂经图》（图83）的女子服饰上，分别装饰着龟背纹、回纹、球路纹。而宋代名画《冬日婴戏图》中儿童身上所穿的对襟衫则装饰着球路瑞花纹（见图78）。

▶▶▶图81　壁画《朝元图》之金母元君及其服饰上的龟背瑞花纹样复原
元代，山西芮城永乐宫发现

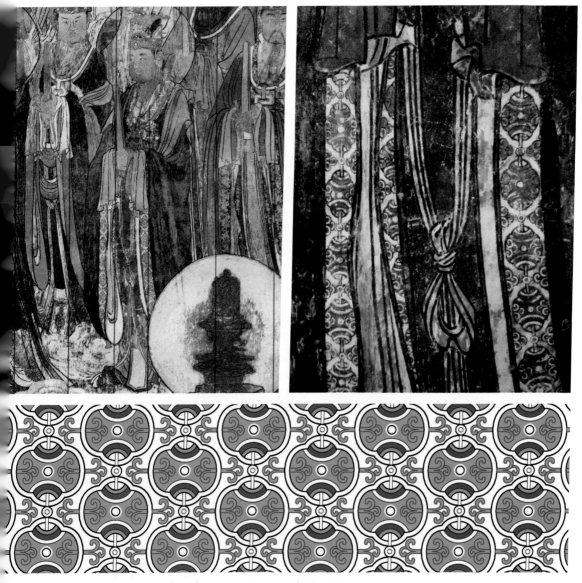

▲▲▲图 82　壁画《朝元图》之仙曹及其服饰上的银铤纹样复原
元代，山西芮城永乐宫发现

▲▲图 83　壁画《寄锦图》（局部）、壁画《颂经图》（局部）
辽代，内蒙古阿鲁科尔沁旗宝山 2 号辽墓出土

　　第五，具有金元时代特色的搭子纹样。所谓搭子，也称"散搭子"或"答子花"，是指一块块面积较小、形状不那么规则的纹样，呈散点排列，纹样题材有花草和动物，主要流行于金元时期。搭子有方形、长方形、圆形、水滴形或其他形状，它的特点，一是面积较小，形状多样；二是经常用金；三是搭子中的纹样是自由的，一般不对称，由花卉或动物构成一个纹样单元，因此与其他圆形散点纹样区别开来。黑龙江阿城金代齐国王墓、元代集成路故城遗址、甘肃漳县汪氏家族墓出土的织物中，有不少装饰了搭子纹样。在图像方面表现搭子纹样的也有不少。如《元世祖后像》及《后妃太子像》中后妃所穿大袍的衣领，一为较小的花卉纹搭子，一为较大的滴珠窠灵芝纹搭子（图 84）。前述南宋《文姬归汉图》中左贤王所穿的圆领袍上也装饰着滴珠窠搭子。一般来说，肖像画中的纹样较为精细，可以认为它们真实地反映了人物所穿着服饰的纹样。

101

▲▲图84　《后妃太子像》及其衣领上的滴珠窠灵芝纹样复原
元代

中

国

历

代

丝

绸

艺

术

　　明清时期，图像的数量及在社会上的普及度都有了较大增长。肖像画、仕女画流行，宫廷绘画不仅记录帝王的丰功伟绩，也反映宫墙内帝后的生活场景。石窟壁画衰落，明代设置嘉峪关，敦煌已在关外，不再新开洞窟，曾经辉煌的敦煌艺术走向沉寂，逐渐被人遗忘。但是，寺观壁画在明代还有最后的一波艺术高潮，保留在今天山西、河北、四川、北京等地的寺观壁画仍然贡献了一批精彩的作品。用于悬挂在法会会场的水陆画，也以明代的作品水平较高，清代则开始走下坡。但是，清代的年画很出色，呈现出一批具有特色的地方产品，而绘本中的人物服饰上也充满了各种纹样，反映出一种新的图像发展趋势。

（一）明清丝绸纹样的图像载体

1. 明清时期的绘画

　　明清时期留下了大量的人物画作品，其中织物纹样表现较丰富的主要有肖像画、仕女画和宫廷画。

▲图85　《嘉靖皇帝像》
明代

▲图86　《王鏊像》
清代

（1）肖像画。作为人物画的一种类型，肖像画在明清获得了巨大发展，为帝王、后妃、达官贵人、高僧、士人等"传神写照"的肖像画大量传世，有朝服大影（全身衣冠像）、有小像（便服像），也有民间用于祠堂祭祀的祖宗画像，一般风格写实，表现细致入微，包括人物服饰、椅披、地毯等也力求写真，为今天留下大量图像资料。明代帝王像，如《嘉靖皇帝像》（图85）、《兴献王朱祐杬像》等，均绘帝王头戴翼兽冠、着明黄色龙袍，袍上刺绣八团龙和十二章纹样，腰围玉带、正襟危坐，着重刻画了人物君临天下的身份。

▲图 87 《姚广孝真容像》
明代

▲图 88 《乾隆孝贤纯皇后像》
清代

《颖国武襄公杨洪像》、《王鏊像》（图 86）、《李贞像》等，分别刻画了位高权重的大臣形象，蟒龙缠身，花衣斑斓，也是一身威严。而各类命妇的女像轴，其服饰也根据其夫的等级配上相应的补子。另外，像《姚广孝真容像》这样的肖像画则画出了佛教大师的淡定与从容（图 87）。清代肖像画继续了明代的传统，只是明装改成了清装。留存至今的清代宫廷帝后肖像描绘精细，可谓栩栩如生（图 88）。一般来说，除了人物身上所穿的服装，椅披和地毯上也都有清晰的图案。

君王姿　年闻缣
午命宫妓
巾命宫妓以
寻花拇以
讶笑而之
帕後想摇

（2）仕女画。明清时期
的仕女画也很精彩，如唐寅的
《王蜀宫妓图》（图89）、《吹
箫图》（图90），仇英《人物
故事图》以及另一幅佚名的长
卷《千秋绝艳图》（图91），
都刻画了精美的服饰纹样，惜
很多仕女图本身设色淡雅，线
条纤细，很多纹样已因年代久
远而浅淡不清，也是遗憾。

◀◀◀图89　唐寅《王蜀宫妓图》及其女子
披领上的云鹤纹样复原
明代

▶图90 唐寅《吹箫图》
明代

110

图91 《千秋绝艳图》（局部）
明代

（3）宫廷画。明清时期，宫廷画是另一个发达的画系，尤其是清代，有大量描写历史事件和宫廷生活情趣的绘画传世，各个时期的帝后肖像画也是宫廷画的一种，为我们提供了大量服饰资料。清代康熙、雍正、乾隆三个时期，是宫廷画的鼎盛时期，画家们通过画笔，把一些重要的历史事件和人物记录下来，使观赏者仿佛身临其境。宫廷画家的创作采用了一丝不苟的工笔写实画法，衣冠服饰一一画出，真实而具体。其中既有记录战争、会盟等重大事件的宏大构图，也有帝后生活的细节描写。前者如郎世宁的《塞宴四事图》（图92），描写乾隆皇帝一行至塞外与蒙古贵族举行赛马、角力、演奏和套马活动，有后妃同行，服饰及营帐内外均有丰富的装饰。后者如《雍正妃行乐图》，亦称《十二美人图》，以单幅单人的形式描绘了12位身着汉服的宫苑女子形象，对画中人物服饰及其身边器物的刻画均极为精美（图93）。由于清代宫廷与民间均有大量服装实物传世，因此探索清代图像中的织物纹样之重要性不如前代。

▲图92 郎世宁《塞宴四事图》（局部）
清代

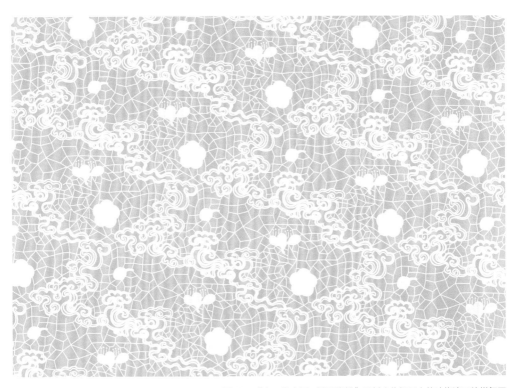

◀▲图 93　《十二美人图·消夏赏蝶》及其人物裙子上的冰梅流云纹样复原
清代

2. 明清时期的寺观壁画

明清时期保留至今的寺观较多，其中清代汉地寺观壁画可观的不多，精彩的还是明代壁画。西藏地区的佛教壁画非常精彩，人物与纹样的描绘很有特色，自成体系，但不在本书的考察范围内。保留服饰纹样较多的明代壁画所在寺观，主要有以下几座：

（1）法海寺。法海寺位于北京石景山区翠微山南麓，始建于明代正统四年（1439年），规模宏大，明清时多次重修。寺内有大雄宝殿、伽蓝及祖师二堂、四天王殿、护法金刚殿、药师殿、藏经楼等建筑。其中大雄宝殿内的六面墙上，至今完整保留有10幅明代壁画，分布在大雄宝殿北门西侧、殿中佛龛背后和殿中十八罗汉身后的墙上。佛龛背后绘观音、文殊、普贤菩萨及善财童子、韦陀、供养佛等，共77个人物，姿态各异，栩栩如生（图94）。虽是500多年前的作品，至今仍保持着鲜艳的色彩，堪称佛教艺术的瑰宝。法海寺壁画中的人物服饰色彩鲜艳，图案清晰，绘制严谨、工整，突出皇家气派，绘画技法上以单线平涂为主，部分花朵采用丝染手法。纹样种类以花卉纹、云纹居多，龙凤纹样也以不同形式多次出现，色彩以朱砂、石青、石绿为主。此外在人物铠甲、璎珞、钏镯、裙带处大量使用描金、沥粉贴金，使得画面更加富丽堂皇。

▶图94　壁画之辩才天女
明代，北京法海寺发现

（2）圣母庙。圣母庙俗称"娘娘庙"，供奉的可能是西王母，坐落于山西汾阳城西北四公里处的田村，创建年代不详，明嘉靖二十八年（1549年）重修，现仅存圣母殿与殿前厢房两部分。明代壁画就保存在圣母殿内的墙壁上，保存情况良好，原殿内塑像已不存，村民们请人重塑了圣母主像一尊并两侧侍女各一，凤冠霞帔，装饰华丽。殿内东西两壁及北壁，描绘了圣母娘娘出巡、回銮以及后宫生活之场景。壁画中的人物个个姿容秀丽，线条笔笔见功，一丝不苟，堪称明代壁画中的上品。画面着色为重彩平涂，各类形象以朱色为主，鲜艳夺目。人物的冠戴、服饰、龙辇、盘盏、屋脊等处均沥粉贴金，画面精丽光彩。其中乐伎、宫女绘制尤为温婉俏丽，所着服饰之上多绘有龟背、几何、团花等纹饰（图95）。纹样风格清新、结构简洁、色彩淡雅。整体而言，服饰纹样的宗教色彩较弱，世俗化倾向增强。

◀▲图 95　壁画《燕乐图》（局部）及其中最右侧侍女衣裙上的纹样复原
明代，山西汾阳圣母庙发现

119

（3）永安寺。永安寺位于山西省浑源县城东北隅，始创于金，传说在元延祐二年（1315 年）由永安节度使高定重建，明清两代又多次修葺。目前留存的元代建筑为传法正宗殿，殿内四壁满绘壁画。其中北壁明间板门两侧，绘高大的十大明王像，气势雄壮，应为明代作品。东西两壁和南壁两梢间全部为水陆法会图，即儒、释、道三教仙佛鬼神和往古亡魂集体朝拜释迦牟尼的图像，共计有 864 身，可能是明代粉本清初绘制。各类人物依其身份司职组合在一起，每壁有上中下三列，蔚为壮观（图 96）。人物造型面部多俊秀端庄，排列略显拘谨。服饰、冠戴为明代样式，更难得的是，服饰上都绘满纹样，而且种类较全，有几何纹、花卉纹、文字纹、龙纹及其组合纹样。此外在绘制技法上喜用"沥粉贴金"法绘制火焰纹、团龙纹、四合如意云纹等，代表了清初山西民间画师的绘画特点。

▶▲图 96　壁画之往古文武官僚众及其中贤官手中的巾子纹样复原
明代，山西浑源永安寺发现

（4）毗卢寺。保留明代寺观壁画较丰富的还有河北省，特别是石家庄平原地带，农商发达，大寺较多，其中正定县隆兴寺摩尼殿、石家庄市毗卢寺及原赵县柏林寺都有非常出众的壁画。隆兴寺摩尼殿存有很大面积的明代佛教壁画，其中四抱厦上的护法神众最为出色；毗卢寺毗卢殿内的水陆画全国知名，绘有天地山川人间众神 500 余躯（图 97）；赵县柏林寺大雄宝殿内壁画以奔流的江水绘制得最为出色，而与"曲阳北狱庙的鬼"合称双璧，可惜壁画随建筑的被拆而消逝。隆兴寺摩尼殿和毗卢寺毗卢殿的殿画虽然极为精彩，也有服饰纹样的描绘，但总体来说，保存的纹样不如法海寺、圣母庙和永安寺丰富。

▶图 97　壁画之天妃圣母
明代，河北石家庄毗卢寺发现

天妃聖母等衆

五章神衆

3. 明清时期的水陆画

　　水陆画随着水陆法会的产生而出现，是寺院或私人举行水陆法会时悬挂的宗教画，也是举办水陆法会时不可缺少的圣物之一。所谓水陆法会，也叫水陆道场，是一种设斋供奉佛神以追荐超度亡灵众鬼的大法会，是中国宗教活动中最隆重、规模最盛大、所需时间最长的一种仪式。水陆画始于晚唐或五代，宋元得以发展，明代较鼎盛，清代式微。其形式主要有水陆壁画和水陆卷轴画两种，前者属于寺观壁画的范畴，如毗卢寺毗卢殿、永安寺传法正宗殿所绘都是著名的水陆壁画。卷轴画则平时收藏于寺观中，举行水陆法会时才请出来悬挂，结束后收藏，是我国宗教绘画的一种重要形式。水陆画大多采用工笔重彩画法，勾勒、渲染十分细腻，毫发入微，工稳谨严，即便是衣服上的图案纹样都画得十分精致，用色丰富，敷彩浓重，富丽堂皇。当然也有兼工带写的作品，几乎没有纹样。水陆画中的人物形象设计都有较为固定的模式，佛、菩萨、明王、诸天、护法也都有传统的仪规与画法，道教神、民间神一般采用汉族帝王、文臣、武将的形象，往古各行各业的男女大众则穿着符合其身份的服饰，这使得水陆画上的人物服饰保留了相当多的纹样。由于水陆法会的式微，保存至今的水陆画不多，其中重要的分别如下。

（1）山西博物院藏宝宁寺水陆画。宝宁寺俗称"大寺庙"，位于山西省右玉县旧城城关镇，是明王朝北部边境重地。寺院始建于明成化年间，清康熙年间重修，寺内原有明代水陆画完整的一堂共 136 轴，是珍贵的古代佛教文化遗产。相传明天顺年间（1457—1464 年），由朝廷敕赐给宝宁寺以作镇边之用，画中汇集佛、道、儒三教中佛、神、人、鬼等众共 900 余身，人物服饰多保留宋元风格。每一幅挂轴上，都绘有一组人物，如属于佛教的天藏菩萨，属于道教的北斗七元左辅右弼众（图 98），属于水府的五湖百川诸龙神众，属于人间的往古人物众……，每组人物都穿着与身份相符的服饰，画师将纹样一丝不苟地描画在服饰上，是我们了解明代服饰艺术的重要资料。

（2）首都博物院藏水陆画。华北地区的水陆画遗存较多，以首都博物馆的收藏最为丰富，质量也较好。主要来源为北京及周边地区的寺院，总数在八九百件，其中大部分是明后期至清前期的作品。这批水陆画来源不同，画风也有区别。如一批万历慈圣皇太后敕造的水陆画画工十分精细，色彩明亮浓艳，而王忠绘供的作品则兼工带写，画风相对简淡。还有一部分水陆画风格典雅秀丽，人体比例协调，线条匀称流畅，设色雅致，与北京法海寺明代壁画艺术可作比较。首都博物院藏水陆画中的服饰纹样大多细腻精致，以花卉纹样为主，亦有云纹、团花、几何纹样等，在一定程度上反映了明清时期北京及周边地区的装饰风格（图 99）。

◀图 98　水陆画
《北斗七元左辅右弼众》
明代

▶图 99　水陆画《马元帅像》
明代

▲图 100　水陆画《罗汉图》
明清时期

▲图 101　江西水陆画
明代

（3）浙江桐乡市博物院藏水陆画。这批水陆画为原崇德县崇福寺旧藏。崇福寺为江南名寺，遗留下来的水陆画颇多，且时间跨度大，从最早的明嘉靖十年（1531 年）到民国 35 年（1946 年），前后达四百余年。1949 年以后崇福寺水陆法会停办，这批水陆画就由桐乡市博物馆收藏保存，并收录于《桐乡市馆藏水陆道场画集》一书。这些画均为中堂，纸本，是较为完整的组画，总数达 157 件，以明清时期为主，可惜不是完整的一堂。根据画面表现的内容，既有佛教系统的神佛，包括诸佛菩萨、诸天、明王、罗汉、护法神等，也有混合佛、道及民间信仰的鬼神，包括阎王、饿鬼、往古人物等。其中尤以神佛、菩萨类画像的画技最为精湛。作品均出自民间画师之手，工笔重彩，设色鲜艳，线条流畅，纹样精美，反映了江南地区水陆画的特色，可供采集的纹样也不少（图 100）。

（4）其他地区水陆画。湖南、湖北、江西等省的地方寺庙或民间，零星而分散地遗留下一部分水陆画，有学者在长江流域宗教文化的田野考察中发现了这些水陆画，并做了记录、整理和遴选，发表在《长江中游水陆画》一书中。这些画大部分是清代的，少量是明代的，风格有精细也有粗犷，均为民间画工所为。人物服饰上的纹样大多较为随意，仅有部分较为工整，是可以采录的对象（图 101）。

4. 明清时期的年画

在我国悠久的历史和广大的地域中，民间年画是另一种强大的传统绘画。年画，始于古代的"门神画"。成书于南朝梁代的《荆楚岁时记》记载：正月一日，"造桃板着户，谓之仙木，绘二神贴户左右，左神荼，右郁垒，俗谓门神"。至唐代，门神的位置被两员戎装大将——秦叔宝和尉迟敬德所取代。在新年时将门神画贴于门户，有驱害避邪之意。宋辽金时期年画逐渐流行，并有最早的图像——《隋朝窈窕呈倾国之芳容图》流传至今。明清时期，由于统治者的鼓励，年画在民间大盛，新年时张贴在门上或室内，既装饰环境，又含有避邪纳福、吉祥喜庆之意，故名。传统年画多用木版水印制作，必要时再加手绘，根据产地不同，形成了苏州桃花坞年画、天津杨柳青年画、河南朱仙镇年画、山东潍坊年画、四川绵竹年画等著名的地域性产品。这些年画风格差异较大，其中最精美工细的当为苏州桃花坞年画，特别是18世纪即清代中期的年画，融入了当时流行的西洋风格，山水庭园有远近表现，人物形象秀美，服饰华丽，且大多数绘有精美的纹样。19世纪中期的太平天国运动对苏州造成较大破坏，桃花坞年画因此衰落。与此同时，上海开埠，逐渐发展成东方一大都会，桃花坞画店迁移至上海，促进了近代上海小校场年画的繁荣。除此两者之外，天津杨柳青年画、四川绵竹年画的风格也较精细，均有较多的织物纹样。而河南朱仙镇年画、山东潍坊年画等，画风粗犷质朴，纹样极少。

桃花坞年画以18世纪创作的为主，精品也多在18世纪中期，其余年画多为19世纪至20世纪初的作品。年画的题材，一般都以喜庆吉祥为主。以桃花坞和上海小校场年画为例，基本上全用套色制作，刻工、色彩和造型具有精细秀雅的艺术风格，题材有吉祥喜庆、民俗生活、戏文故事、花鸟蔬果、江南风景等。吉庆的如"连中三元""一团和气""竹报平安""花开富贵"等，民俗的如"婴戏图""闺门刺绣图"等，戏曲故事如"琵琶有情"等。总体而言，18世纪桃花坞年画线条细腻工整，人物清雅优美，纹样刻画精致，更具文人气息，是名副其实的"姑苏版"（图102），而上海小校场年

图 102　苏州桃花坞年画《渔娘图》
清代

图 103　上海小校场
年画《刺绣闺门画》
清代

画则更为世俗，色彩艳丽，纹样安排的随意性增加（图 103）。杨柳青和绵竹年画也各具特色，题材均吉祥喜庆，配色大多鲜艳明丽，也有墨版套色敷彩的，色彩比较沉稳。年画中的人物以福、禄、寿等神话人物和妇女儿童为主，服饰纹样以梅兰竹菊四君子和莲花、海棠、牡丹等象征富贵的花卉为主，常见团花、折枝、缠枝等形式，此处还有几何纹样和卍字、寿字等吉祥文字，与清中期以来装饰艺术的发展趋向合拍，亦与同时期的实物纹样风格一致。

5. 明清时期的绘本

传统绘本指那些描绘特定内容的以图像为主的书籍。我国书籍有插配大量图像的传统，明清时期，更有很多以图像为主的绘本流行，其中的彩色绘本也有大量的织物纹样。首先是戏曲人物图谱——《升平署档案》。该图谱共 97 幅，原是宫中所藏，后有部分流出宫外。中国国家图书馆藏有清末《升平署档案》的复制品。图谱并无年代及作者记载，人物按剧目排列，如《玉玲珑》《太平桥》《泗州城》《反西凉》《蔡天化》《千秋岭》《空城计》《骆马湖》等，还有若干幅未标明剧目。朱家溍先生认为，图中所绘应为"乱弹"戏（也就是后来的京剧）人物扮相。因嘉庆、道光之前，宫中还主要是演昆腔、弋阳腔，咸丰以后乱弹才逐渐增多，所以图谱不会早于咸丰。较之清末一些京剧名伶，图谱中的扮相又显得稍古，因此推测图谱不会晚于同治。这些图谱应为清宫画师根据升平署演职人员的实际扮相绘制，供后妃们欣赏。图谱画工精致，美妙绝伦。人物穿戴的盔头、服装都区别于一般戏班所用，显出皇家气派。美国大都会艺术博物馆在2014年展出了一批戏曲人物图谱（图104），图谱上人物服饰纹样十分精细，其中大部分是折枝花卉，清地排列，是清代织物纹样的真实反映。

明清时期，绣像本小说流行，小说正文前会插入主要角色的绣像。清代更出现了很多精彩的绘本小说，十分精彩，文字反而是次要的，如绘本《红楼梦》《桃花扇》等。这些绘本场面宏大，人物众多，色彩典丽，令人叹为观止，但由于场景较大，可供采集的纹样反而较少。还有一种明清时期压箱底的特定绘本——春宫图，反而将人物身上的衣物与室内场景如家具、器物等表现得较为真实，以增加感官的刺激。绘本《鸳鸯秘谱》相对典雅含蓄，其中也有不少服饰纹样（图105）。

▲图104　戏剧图谱《戏曲人物百图·化身》
清代

▶图105　绘本《鸳鸯秘谱》中的人物服饰纹样
清代

（二）图像中的明清丝绸纹样

由于明清时期保留至今的传世衣物较多，不像明代以前主要依赖出土文物。虽然图像中的纹样资料并不比实物丰富，但却表达出同样的时代特征和发展趋势。

第一，图像反映了寓意纹样的流行。所谓寓意纹样，是借一个或一组可以假托、转喻、谐音的形象来传情达意。虽然寓意纹样在宋代已经出现，但真正流行是在明清时期。故我们在明清时期的丝绸实物上，可以看到用植物、动

▶ ▲ 图 106　水陆画《阳间主病鬼王五瘟使者像》
及其中人物身上的折枝牡丹纹样复原
明代

物形象或文字的组合表达吉祥祝福的大量寓意纹样。具体地说，主要是普罗大众的人生目标，即福、禄、寿、喜，也有一部分是文人雅士的人格追求，如清白、高洁、君子风度等。帝王身上的龙纹与十二章纹是君临天下的象征，达官贵人身上的蟒纹是位高权重的标志，命妇身上的补子代表了她丈夫的官阶品位，这一点在肖像画中有充分反映。除这些明显的符号性纹样外，还是一些纹样则有约定俗成的寓意，比如牡丹代表富贵，石榴代表多子，蝙蝠代表福气，桃子、灵芝和山石有长寿的意思，梅兰竹菊是四君子，代表品行高洁，莲花则有洁净的寓意，等等。如法海寺大雄宝殿的壁画上有菊花、莲花、灵芝等植物纹样，首都博物馆藏水陆画经常出现折枝牡丹（图 106），上海小校场年画中多出现折枝梅花、折枝菊花（图 107）、折枝桃实、兰花、竹叶纹等，四川绵竹年画上有蝙蝠捧寿纹样（图 108），都是常用装饰纹样在图像中的反映。

亦是尋常韻纖指
便有情 庚子仲秋夢蕉

◀▲图 107　上海小校场年画《琵琶有情闺门画》及其人物衣服上的折枝菊花纹样复原
清代

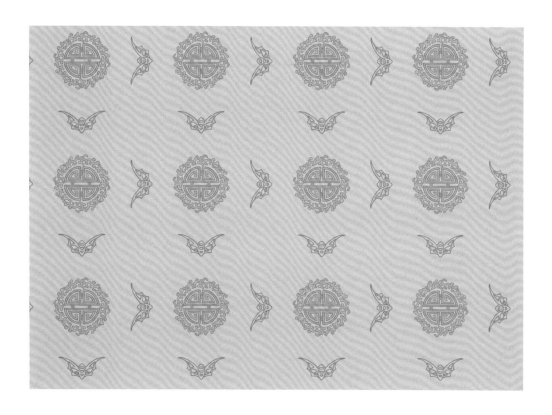

◀▲图 108　绵竹年画《福禄寿喜图》及其寿星衣服上的蝙蝠拜寿纹样复原
清代

清代宫廷中的戏曲图谱，女性人物服饰也多以梅、兰、竹、菊、寿桃等植物纹样点缀（图109），说明了寓意纹样在社会上的流行程度。

第二，团窠纹样继续流行。唐代以来，团窠就是服饰纹样的常见形式，明代的团窠有动物纹的团龙、团凤、团鹤和团窠兔纹，也有花卉组合的团花，是一种圆形适合纹样。前者如宝宁寺水陆画《天藏菩萨像》旌旗上的团龙纹（图110），法海寺大雄宝殿壁画中月宫天子身上的团凤纹（图111）、《颍国武襄公杨洪像》中的团窠玉兔纹等，后者如法海寺壁画药草树林神身上的灵芝团窠纹、密迹金刚旁一持锯小鬼裤衩上的石榴团窠纹（图112）、水月观音禅裙上的莲花团窠纹等。清代团窠纹样继续流行，如苏州桃花坞年画《连中三元》《双美赏花图》中人物服饰上的团花。团花内花卉有写生的也有概念性的瑞花，组合方式多样。团花的布局有呈清地散点排列的，也有满地锦纹上的团窠。樗蒲是一种古老的博戏或占卜工具，流行于汉唐，宋代式微。但丝绸上的樗蒲纹发端于宋代，却在明代流行，其造型为中间大两头小的椭圆窠。宋代程大昌《演繁露》载"今世蜀地织绫，其纹有两尾尖削而腹宽广者，既不似花，亦非禽兽，遂乃名樗蒲"。樗蒲纹在明代丝绸实物中多见，视觉图像中的表现为椭圆形适合纹样，如法海寺壁画中普贤菩萨围腰上的莲花纹、首都博物院藏水陆画《南无贤善首菩萨像》偏衫上的卷云樗蒲纹等（图113）。

▶图109　戏剧图谱《戏曲人物百图·王大娘》
清代

王大娘

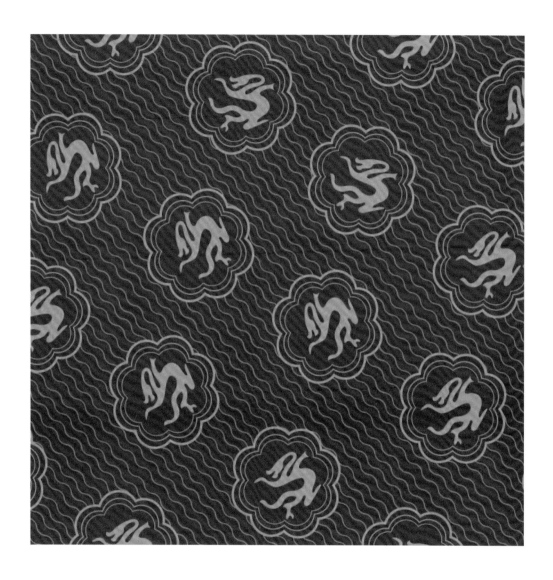

◀▲图 110　水陆画《天藏菩萨像》及其旌旗上的团龙纹样复原
明代，山西右玉保宁寺发现

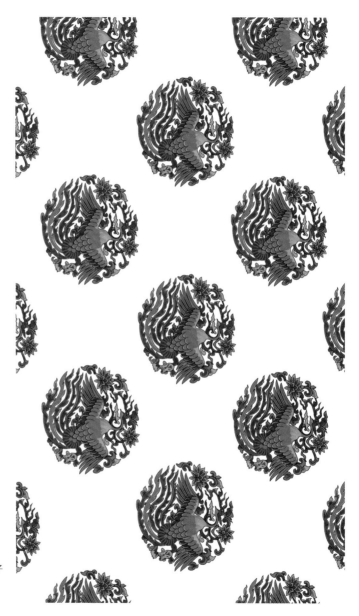

◄▶图 111　壁画之月宫天子
及其衣衫上的团凤纹样复原
明代，北京法海寺发现

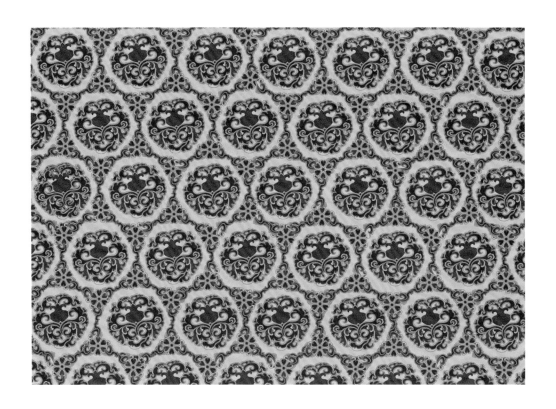

◀▲图 112　壁画之密迹金刚中的小鬼裤衩上的石榴团窠纹样复原
明代，北京法海寺发现

◄▲图 113　水陆画《南无贤善首菩萨像》及其衣衫上的纹样复原
明代

　　第三，是有时代特色的纹样。有一些纹样在明清时期较为流行，如流水落花、冰片梅花、皮球花、蝴蝶纹等，也在视觉图像中反映出来。流水落花纹，通常指水波纹上有起伏的花朵的纹样，有一种"花落水流红"的暮春诗意。首先提到这种纹样的是元代的陶宗仪，其在《南村辍耕录》中称其所见书画装裱有织锦"紫曲水"，并注"俗呼落花流水"，并已见诸图像（见图47）。但流水落花纹的真正流行是在明代，并从织锦衍生到其他装饰领域。天顺三年（1459年），王佐增补《新增格古要论》"古锦"条谓："今苏州府有落花流水锦及各色锦"，可见明代苏州生产这种织锦。故宫博物院、首都博物馆收藏的明代经皮子中，也有多种形式的落花流水纹。这一时期人们对吉祥寓意的追求，使得文人趣味的落花流水纹也增添了"财源滚滚"等吉祥含义。在明清时期的图像中可见到不少流水落花纹样，如明《千秋绝艳图》中所表现的王昭君，其毛皮斗篷下露出的裙子（图114），首都博物院藏明代水陆画《天妃圣母碧霞元君右众像》一女仙手持的

▶▼图114　《千秋绝艳图》之王昭君及其裙上的流水落花纹样复原
明代

巾帕、《天曹六欲诸天仙众》一女仙所穿的袍服，都装饰了流水落花纹样。与流水落花纹意境相近的还有冰片梅花纹，一般在冰裂纹上散点分布梅花，将冰裂釉面的肌理与梅花纹完美结合起来，传递了一种冰清玉洁、空灵幽雅的美感，同时也有"一枝春信报平安"的吉祥寓意。清雍正宫廷绘画《十二美人图》中，有两位美人身上的衣裙饰有冰片梅花纹，可见其流行程度（图115）。皮球花纹是两两三三皮球状的团花聚合在一起，团花尺寸较小，且排列不规则，有一种自由活泼的美感。这种纹样出现在清雍正时期，是从瓷器装饰中转移到丝绸纹样上的，流行于清代。在清代苏州桃花坞年画《双美图》上，可以见到装饰在门帘上的皮球花纹（图116）。蝴蝶纹最早出现在唐代的织绣品上，但真正盛行是在明清时期。其主要表现有：以众多蝴蝶构成的百蝶纹，花与蝶构成的蝶恋花纹，猫与蝶构成的耄耋纹等。蝴蝶因"蝶"谐音于"耋"，故象征吉祥长寿，其造型轻盈美丽，成双成对，故又是婚姻美满和谐的象征。大量用于服饰的蝴蝶纹，也在图像中有所反映。如紫禁城宁寿宫花园玉粹轩装饰的通景画中，就画了一位揽镜自照的女子，身着绣金百蝶衣（图117），而她头上所戴的抹额装饰着冰片梅花纹，裙子则为云鹤纹，均为清代流行丝绸纹样。这些纹样在故宫保留的清代宫廷服饰中均较常见，如清代同治年间的百蝶纹女夹褂（图118）。

▶▶图115　《十二美人图·博古幽思》及其女子衣裙上的冰片梅花纹样复原
清代

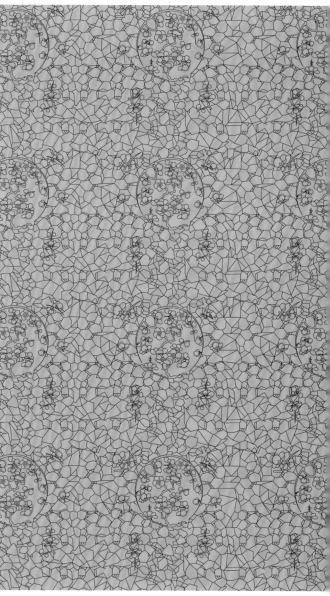

▲▲图116　苏州桃花坞版画《双美图》及其帷帐上的皮球花纹样复原
清代

▲图 117　宁寿宫通景画上穿着绣金百蝶衣的女子
清代

▲图 118　石青缎平金百蝶纹女夹褂
清代同治年间

第四，文字纹样增多。所谓文字纹样，就是直接将某些文字变成图案，来表达对吉祥如意的追求。东汉时期的织锦，往往将汉字组成的吉祥句子织进丝绸中，著名的如"延年益寿长葆子孙""五星出东方利中国"等。后世则极少用句子，而是将福、禄、寿、喜、吉等变成适合纹样，明清时期用得最多的是寿字、福字和卍字，不仅丝绸实物中常见，视觉图像中也多见。如明代肖像画《女像轴》中的团寿纹样（图119），清代上海小校场年画《八仙图》中张果老衣袍上的竹叶团寿纹样（图120）。又如四川绵竹年画《福禄寿喜图》，不仅表现了福、禄、寿三位神祇抱着两个男娃的画面，而且人物身上的服饰纹样，也处处传递出对人生幸福的强烈诉求。

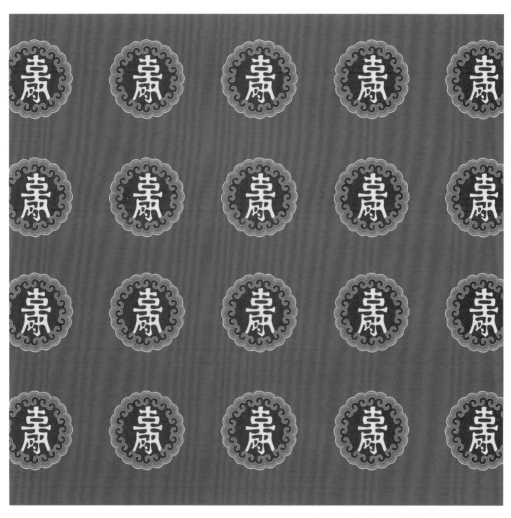

◀▲图119　《女像轴》及其椅披上的团寿纹样复原
明代

▲▲图 120　上海小校场年画《八仙图·张果老》及其衣服上的竹叶团寿纹样复原
清代

第五，复杂精巧的几何纹样。明清时期，以宋锦为代表的装饰织物获得很大的发展，复杂精巧的几何纹样大量出现，主要用于包装与家具织物。与此同时，在服饰上的几何纹样也多姿多态。宋锦最常用的是八角形、方形与圆形互相联结、并在空隙处填以花卉、几何与动物纹样的八达晕、天华锦等纹样。此外还有龟背、锁纹、席纹、卍字曲水、工字曲水、六角星纹以及在这些几何纹样上再点缀团花、折枝等"锦上添花"纹样。图像中的具体案例非常多，如明《女像轴》中命妇身后的椅披、清雍正《十二美人图·裴装对镜》中的炕垫（图121）、《赐书砚》图中的书盒裱封等，都是八达晕纹样，而《十二美人图·美人展书》中的书衣上，也出现了席纹和锁纹地万字鹿纹（图122），这些都应该是真实的丝绸纹样在图像中的反映。

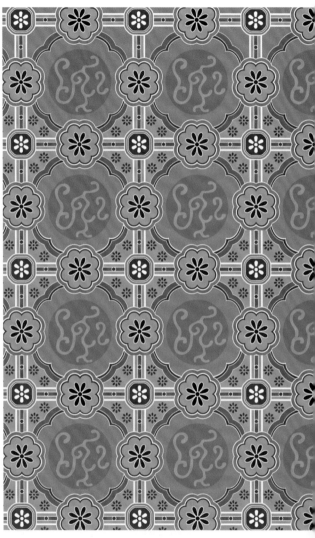

▶▲图 121 《十二美人图·裴装对镜》及其炕垫上的八达晕纹样复原
清代

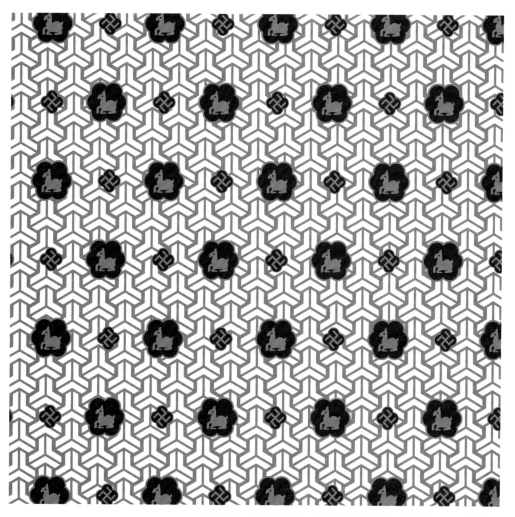

◀▲图 122 《十二美人图·美人展书》及其书衣上的锁纹地万字鹿纹样复原
清代

　　第六，清代西洋风在丝绸艺术上的体现。清代前期，随着海上丝绸之路和中西文化交流的发展，西洋风格也开始影响到中国，尽管并不明显，但也反映在丝绸织物上。这些来自欧洲的纹样集在雍正与乾隆时期的宫廷织物中集中体现出来，这与西方传教士在宫中担任画师有关，也与广州地方官员将十三行进口西洋织物贡献给朝廷有关。当时清宫中有不少西洋传教士，他们奉皇帝之名，用中西合璧的技法创作了一批"洋风画"，以乾隆时期最为兴盛，朗世宁、王致诚、艾启蒙都是著名的宫廷西洋画家，他们影响并带动了一些中国宫廷画师。由于欧洲绘画的传统，他们在作品中对帝王所着服饰、所用纺织品的纹样色彩都做了如实描绘。如《哨鹿图》描绘的是乾隆六年（1741 年）皇帝到木兰行围的场景，骑在白马上的乾隆皇帝及随从，装弓的撒袋与马鞍上的织物装饰着欧洲洛可可风格花卉纹样（图 123）。这种欧洲风格的纹样也在故宫博物院收藏的清宫织锦中得以体现（图 124）。另一幅是《乾隆帝及妃威弧获鹿图》，传为乾隆第六子庆亲王永瑢所绘，描绘的是香妃陪伴乾隆围猎的场景。画上的乾隆正在射箭，香妃把箭递给他，两人马鞍上的图案也类似（图 125），而前面提到的《塞宴四事图》中一位嫔妃所穿背子上的纹样也为明显的西洋风格。

▶图 123　朗世宁《哨鹿图》（局部）
清代

◀图 124　大洋花锦
清代

▲图 125　《乾隆帝及妃威弧获鹿图》（局部）
清代乾隆年间

五

图像证史及应注意的问题

中国历代丝绸艺术

　　综上所述，在浏览了中国古代众多的视觉图像后，笔者深深为两千年来不曾断绝的人物画传统感到自豪，更为这些作品保留了大量服饰资料和织物纹样感到庆幸。但是，图像毕竟不同于实物，画在人物服饰上的织物纹样，与真实的织物纹样之间有什么区别？其真实性如何？有没有程式化或随意化的情形存在？从整体来看，可以认为，即使图像上的织物纹样存在随意性，与真实的织物之间也有一定差异，但纹样的题材、形式、风格与丝绸纹样有着相当高的一致性，与其所反映出来的时代趋势也是相吻合的，换言之，图像证史是可信的。当然，图像证史也会存在一些问题，这就要求我们在运用历史图像的时候加以辨识，而不是将其等同于历史纹样。

（一）图像中纹样的色彩与实物的异同

中国古代图像中织物纹样的色彩，与实物的真实色彩有一定差别，前者以矿物颜料为主，植物颜料为铺，甚至加入动物颜料；后者则以植物染料为主，矿物颜料为铺，有时需要媒染剂的介入。图像载体的不同，在使用的颜料上也略有不同。其中卷轴画（包括水陆画）的颜料主要有朱砂、石青、石绿、石黄、蛤白、墨等，并配合使用植物颜料如藤黄、胭脂、槐蓝等。宋代《营造法式》第十四卷彩画作，对建筑上的彩绘用颜料及用法有详细记载，壁画上的颜料应与之相仿。根据柴泽俊编著《山西寺观壁画》一书的阐述，其所用颜色有十几种之多，即白垩、赭石、石青、石绿、朱砂、银珠、铅丹、靛青、栀黄、雄黄、地板黄、红花、铅粉和红土等。"使用时，首先将颜料磨制精细，再拌以适当的水胶。画面上的晕染……需要把制好的颜料及时澄淋，并拌以少量白粉，由此可以分为深浅不等的几种色调，达到退晕和叠染的目的。"沥粉贴金是古代建筑彩画的一种传统工艺，用土粉和胶混合，以特制的工具绘出隆起的图案，涂胶后贴以金箔，使得图案具有立体感。北京法海寺明代壁画就采用了这种工艺，不仅可以描出立体的线条和纹样，本身又具有华丽的装饰效果。民间年画则先印墨线，而后套色彩印，一版一色，或加手绘，所用颜料与纸本绘画基本相同。

　　尽管古代绘画用的颜料十分丰富，但比起变幻无穷的现代色彩来说，受原料制约，色彩的种类与色相的丰富程度还是有限的。因此从图像中看，众多的纹样主要有几种主色，即红、黄、蓝、绿、白、黑等，这几种主色相配则得到十多种常用的副色，主要有赫石、紫色、墨绿、土黄、橘黄、粉红、宝蓝等，此外再加上金色的运用，就能够保证色彩的鲜艳明丽了。除原料外，色彩的应用还受到文化与审美习惯的影响。我国古代有正色与间色之说，正色为高贵色，即红、黄、青、白、黑五色，并与五行学说相对应，所谓五行五色。间色为正色调配而成，等级略低。学术界已有不少文章论述古代丝绸的色彩审美，探索色彩偏好的民族性问题，在此不做展开。从图像中审视织物纹样的色彩，的确以红、黄、蓝（绿）、白、黑等正色为主，与实物的差距不大。但是丝绸实物的色相更为丰富，浓淡深浅变化较多，而绘画色彩则较为单纯，过渡色用得不多，配色较为鲜艳，当然也有相反的例子。一般来说，文人画家的作品色彩较为柔和淡雅，而民间画工创作的壁画和年画则色彩相对明亮，对比强烈。

（二）图像中丝绸纹样的真实性

图像中丝绸纹样的真实性，简略地说，一与图像的题材有关，如肖像画就比一般人物画真实；二与绘画的艺术风格有关，同为人物画，工笔画对细节交代更清楚，相对也更接近真实；三与图像的载体有关，如卷轴画与木板套印的年画差别较大；四与图像的创作方式有关，即是原创，还是利用了世代流传的粉本。粉本也称"小样"，对宏幅巨制的寺观壁画来说，画工们利用的粉本很可能是前代流传下来的，因此即便是清代的壁画，反映的也可能是明代的社会生活与穿着形象。尽管问题复杂，但从纹样题材、色彩配置与构成形式上看，总体上古代图像中的织物纹样与考古出土或传世实物相比有着相当高的一致性，可以作为对古代丝绸纹样研究的有益补充。

绘画不仅画我所见，亦画我所未见。在所有的古代图像中，以肖像画的纹样真实性最高。唐代的仕女图，描绘纹样均十分精美。如出土于新疆吐鲁番阿斯塔那唐墓的屏风画残片《胡服美人图》（见图 31），图中仕女穿着大红地宝相花纹样的翻领胡袍。而对比文献记载，唐代胡服盛行，女子以胡服为时髦；对照出土实物，则红色为地的宝相花正是盛唐时期的流行纹样。尽管纹样的细节与出土实物不可能完全吻合，但图中的红地宝相花纹样具有相当高的真实性，是唐代女子服饰时尚的真实反映。收藏于日本泉涌寺的宋代《南山大师像》（见图 49），用精细的笔法描绘了大师座椅上的两条椅披，一为满地排列的大小团花，一为清地排列的几何花卉，配色淡雅，刻画精细，细节交代十分清楚，也应有真实的织物作为参照。元代帝后肖像画，不仅描绘人物面容惟妙惟肖，描绘服饰上的花纹也一丝不苟。如收藏于台北故宫博物院的《元世祖后像》（见图 50）、《后妃太子像》（见图 84），令人如亲见 800 年前的蒙古贵妇之面，头上戴着大红色的姑姑冠，身穿交领大袍，袍的领边宽阔，从织物纹样看，明显是元代最流行的纳石失织金锦。纹样呈散点清地连续排列，有花卉组成的搭子纹样，有灵芝构成的滴珠窠纹样，都是元代最典型的，其真实性也不必怀疑。明代是肖像画发展的高峰，帝后高官、僧侣文人、家族先辈均有肖像画传世，服饰纹样有如意云、缠枝花卉、团窠、几何填花等，无论是五彩还是暗花，均为真实织物的写照。如明代将军《颖国武襄公杨洪像》（图 126）中，人物身穿大红交领袍端坐椅中，身后分立的两侍卫穿的蓝色与绿色锦衣，与定陵出土的四合如意云龙纹织锦妆花缎襕袍几乎一致，只是色彩不同而已。将军座椅上的椅披与地毯上的团窠玉兔纹样，尽管明代出土实物中没有完全吻合的纹样，但团窠与玉兔都是元明时期的流行元素，明代定陵出土文物中就有织金妆花奔兔纱，而美国克利夫兰艺术博物馆更有元代团窠四兔织金锦收藏，因此这一图像中的织金团窠玉兔是明代此类纹样依然流行的证据。至于明清肖像画中的云纹、缠枝纹与折技花卉纹，图像与实物的相似度更高，在此不一一阐述了。

除肖像画外，其他人物画如仕女画、道释人物画、寺观壁画与水陆画中的仙界人物，虽然有很多想象的成分，但在服饰纹样的绘制方面，亦以画师们所见的真实世界为摹本，其真实性也是相当强的，并与织物纹样的时代演变规律基本一致。因此，我们采集和复原的纹样是可以作为历史证据的，这为研究我国古代丝绸纹样提供了重要材料，是对传统纹样库的有益补充。

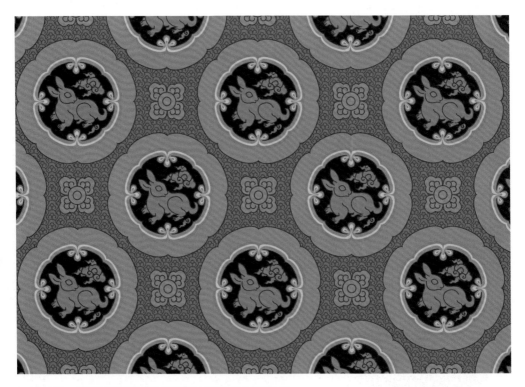

▶▲图 126　《颖国武襄公杨洪像》及其地毯上的团窠玉兔纹样复原
明代

（三）图像中丝绸纹样的随意性

在古代图像上，我们也能看到两个明显的现象，一是人物服饰并不一定是真实的，特别是神仙、仕女等人物，前者是人们想象中的人物，后者较多考虑审美标准，特别是明清时期，程式化的着装风格逐渐形成，与现实生活拉开了距离。与此相应，这些人物服饰上的织物纹样也在一定程度上程式化了。以几何骨架内填花的纹样为例，从唐代仕女画到清代人物画，从绢本工笔人物到寺观佛道壁画，龟背花卉的纹样层出不穷，大量纹样似曾相识，风格类同，但细微处又各不相同，这种不同与其说是实物的差别，不如说是画师们在绘制时的随意性造成的。因此，尽管龟背花卉的确是历代常见纹样，但细节上的真实性是要打折扣的。另外，从数量较多的寺观壁画与水陆画来看，宋元时期一直到明代绘制的图像，尽管是民间画工所绘，纹样在服饰上的位置安排还是很有章法的，且随着衣纹的起伏而变化，接近于真实的穿着情形。而清代图像，除了宫廷画以外，纹样绘制的随意性大大增加，有些纹样明显是随手涂抹，对纹样的位置、大小、穿着时的形态变化等毫不在意，同时还有将纹样简化的倾向。即使在山西浑源永安寺这样的水陆壁画巨制中，也存在不少随意性纹样，有些明显是现实生活中不可能出现的，如大尺度的火焰纹样等。对于这样的纹样，在采集时要注意辨识。

Jessica Harrison−Hall. Ming: Art People and Places. London: The British Museum Press，2014.

《北京文物精粹大系》编委会北京市文物局 . 北京文物精粹大系：佛造像（下）. 北京：
　　北京出版社， 2004.

北京图书馆 . 北京图书馆藏升平署戏曲人物画册 . 北京：北京图书馆出版社， 1997.

[英] 彼得·伯克 . 图像证史 . 杨豫，译 . 北京：北京大学出版社， 2008.

柴泽俊 . 山西寺观壁画 . 北京：文物出版社， 1997.

常沙娜 . 中国敦煌历代服饰图案 . 北京：中国轻工业出版社， 2001.

丁春生 . 鸳鸯秘谱 . 呼和浩特：内蒙古人民出版社， 2002.

敦煌文物研究所 . 中国石窟：敦煌莫高窟 . 北京：文物出版社， 1987.

《敦煌研究》编辑部 . 敦煌研究（2020−01−12） [2020−03−01]. http://www.dhyj.net.cn/
　　index.php?m=content&c=index&a=show&catid=18&id=778.

樊波 . 中国画艺术专史：人物卷 . 南昌：江西美术出版社， 2008.

范方明 . 桐乡市馆藏水陆道场画集 . 杭州：西泠印社， 2010.

冯骥才 . 中国木版年画集成：日本藏品卷 . 北京：中华书局， 2011.

冯骥才 . 中国木版年画集成：上海小校场卷 . 北京：中华书局， 2011.

冯骥才 . 中国木版年画集成：桃花坞卷 . 北京：中华书局， 2011.

国家文物局，中国科学技术协会．奇迹天工：中国古代发明创造文物展．北京：文物出
　　版社，2008.

故宫博物院．清代宫廷绘画．北京：文物出版社，1995.

故宫博物院．清宫服饰图典．北京：紫禁城出版社，2010.

胡光葵．中国传统绵竹年画精选．成都：四川美术出版社，2012.

黄能馥，陈娟娟．中华历代服饰艺术．北京：中国旅游出版社．1999.

金墨．宋画大系：人物卷．北京：中信出版社，2016.

金维诺．山西汾阳圣母庙壁画．石家庄：河北美术出版社，2001a.

金维诺．山西浑源永安寺壁画．石家庄：河北美术出版社，2001b.

金维诺．中国寺观壁画典藏：山西洪洞广胜寺水神庙壁画．石家庄：河北美术出版社，
　　2001c.

景安宁．元代壁画：神仙赴会图．北京：北京大学出版社，2012.

九州出版社．中国人物名画欣赏．北京：九州出版社，2002.

良渚博物院，湖南省博物馆．马王堆汉墓：长沙国贵族生活特展．杭州：浙江摄影出版社，
　　2014.

辽宁省博物馆．华彩若英：中国古代缂丝刺绣精品集．沈阳：辽宁人民出版社，2009.

刘建平．南宋四家画集．天津：天津美术出版社，1997.

刘璎，金涛．中国人物画全集（上、下）．北京：京华出版社，2001.

聂崇正．清代宫廷绘画．上海：上海科学技术出版社，1999.

聂崇正．郎世宁全集　1688—1766．天津：天津人民美术出版社，2015.

山西省博物馆．宝宁寺明代水陆画．北京：文物出版社，1985.

上海博物馆．翰墨聚珍：中国日本美国藏中国古代书画艺术．上海：上海书画出版社，
　　2012.

台北故宫博物院．国宝再现：书画菁华特展．台北：台北故宫博物院，2018.

肖军.永乐宫壁画朝元图释文及人物图示说明.北京：中国书店，2009.

戏曲人物百图.美国大都会艺术博物馆 [2020−03−01]. https://www.metmuseum.org/art/
collection/search/51581.

邢振龄.中国美术全集：隋唐五代绘画.金维诺，总主编.合肥：黄山书社，2010.

徐光冀.中国出土壁画全集.北京：科学出版社，2011.

徐湖平.南京博物院珍藏系列：明清肖像画.天津：天津人民美术出版社，2003.

阎立本.中国美术史·大师原典系列：阎立本·历代帝王图.北京：中信出版社，2016.

杨建峰.中国人物画全集（上、下）.北京：外文出版社，2011.

杨新.故宫博物院藏文物珍品大系：明清肖像画.上海：上海科学技术出版社，2008.

袁宣萍.中国古代丝绸设计素材图系·图像卷.赵丰，总主编.杭州：浙江大学出版社，
2016.

张朋川.《韩熙载夜宴图》图像志考.北京：北京大学出版社.2014.

张同标，胡彬彬，蒋新杰.长江中游水陆画.长沙：湖南大学出版社，2011.

张志民.中国绘画史图鉴：人物卷.济南：山东美术出版社，2014.

赵丰.中国丝绸通史.苏州：苏州大学出版社，2005.

赵丰.中国美术全集：纺织品.金维诺，总主编.合肥：黄山书社，2010.

赵广超，吴靖雯.十二美人.北京：紫禁城出版社，2010.

浙江大学中国古代书画研究中心.宋画全集：第1卷.杭州：浙江大学出版社，2008.

浙江大学中国古代书画研究中心.宋画全集：第6卷.杭州：浙江大学出版社，2008.

浙江大学中国古代书画研究中心.宋画全集：第7卷.杭州：浙江大学出版社，2010.

浙江大学中国古代书画研究中心.元画全集：第1卷.杭州：浙江大学出版社，2012.

浙江大学中国古代书画研究中心.元画全集：第2卷.杭州：浙江大学出版社，2012.

浙江大学中国古代书画研究中心.元画全集：第3卷.杭州：浙江大学出版社，2012.

浙江大学中国古代书画研究中心.元画全集：第4卷.杭州：浙江大学出版社，2012.

浙江美术馆，敦煌研究院.煌煌大观：敦煌艺术.杭州：[出版者不详]，2013.

中国古代书画鉴定组.中国绘画全集：第1卷　战国—唐.北京：文物出版社，1997.

《中华遗产》杂志社.中国衣冠.2018（增刊）.

图序	图片名称	收藏地	来源
1	顾闳中《韩熙载夜宴图》（局部）	故宫博物院	《宋画全集：第1卷》（第1册）
2	宋徽宗摹本张萱《捣练图》（局部）	美国波士顿美术馆	《宋画全集：第6卷》（第1册）
3	彩塑	甘肃敦煌莫高窟45窟	《中国石窟：敦煌莫高窟》（三）
4	奉慈圣皇太后懿旨绘造水陆画《天妃圣母碧霞元君众》	首都博物馆	《北京文物精粹大系：佛造像卷》（下）
5	苏州桃花坞年画《美人浇花图》	大英博物馆	《中国木版年画集成：桃花坞卷》
6	人形陶罐	甘肃省博物馆	《中华历代服饰艺术》
7	石雕像线描	不详	《中华历代服饰艺术》
8	玉人及其线描	中国社会科学院考古研究所	《中华历代服饰艺术》
9	陶范人物线描	不详	《中华历代服饰艺术》
10	彩绘女俑线描	不详	《中华历代服饰艺术》

续表

图序	图片名称	收藏地	来源
11	彩绘女俑	湖南省博物馆	《马王堆汉墓：长沙国贵族生活特展》
12	壁画之夫妇对坐	不详	《中国出土壁画全集》（8）
13	朱漆彩绘屏风	山西省博物院	《中华历代服饰艺术》
14	鱼子缬绢	甘肃省博物馆	《中国丝绸通史》
15	绞缬绢对襟上衣	中国丝绸博物馆	《奇迹天工：中国古代发明创造文物展》
16	联珠对鸟纹锦	新疆维吾尔自治区博物馆	《中国美术全集：纺织品》（一）
17	壁画之夫妇并坐	不详	《中国出土壁画全集》（2）
18	壁画人物披肩上的忍冬纹样复原	甘肃敦煌莫高窟254窟	《中国敦煌历代服饰图集》
19	（传）周昉《簪花仕女图》（局部）	辽宁省博物馆	《中国人物画全集》（上）
20	屏风画《弈棋仕女图》（局部）	新疆维吾尔自治区博物馆	《中国美术全集：隋唐五代绘画》
21	屏风画《乐舞图》	新疆维吾尔自治区博物馆	《中国绘画全集：第1卷战国—唐》
22	壁画之大势至菩萨	甘肃敦煌莫高窟217窟	《中国石窟：敦煌莫高窟》（三）
23	壁画之宫女	不详	《中华历代服饰艺术》
24	唐三彩女乐俑	陕西历史博物馆	《中华历代服饰艺术》
25	壁画之唐都督夫人太原王氏（临摹）	甘肃敦煌莫高窟130窟	《中华历代服饰艺术》

图序	图片名称	收藏地	来源
26	阎立本《步辇图》（局部）	故宫博物院	《翰墨聚珍：中国日本美国藏中国古代书画艺术》
27	彩塑卧佛及其枕头上的联珠含绶鸟纹样复原	甘肃敦煌莫高窟 158 窟	《中国石窟：敦煌莫高窟》（四）
28	彩塑佛衣上的联珠朵花纹样复原	甘肃敦煌莫高窟 429 窟	《中国敦煌历代服饰图集》
29	联珠朵花纹锦（局部）	新疆维吾尔自治区博物馆	《中国美术全集：纺织品》（一）
30	周昉《内人双陆图》（局部）及其仕女（左行棋者）襦上的柿蒂纹样复原	台北故宫博物院	《宋画全集：第6卷》（第6册）
31	《胡服美人图》（局部）及其美人衣领上的宝相花纹样复原	私人收藏	《中国画艺术专史：人物卷》
32	彩塑佛衣上的团花纹样复原	甘肃敦煌莫高窟	《中国敦煌历代服饰图案》
33	宝相花纹斜纹纬锦	美国大都会艺术博物馆	《中华历代服饰艺术》
34	壁画上的卷草纹样复原	甘肃敦煌莫高窟	《中国敦煌历代服饰图集》
35	宋徽宗摹本张萱《捣练图》（局部）及其宫女襦上的菱格瑞花纹样复原	美国波士顿美术馆	《宋画全集：第6卷》（第1册）
36	宋徽宗摹本张萱《捣练图》（局部）及其宫女披帛上的卷草纹样复原	美国波士顿美术馆	《宋画全集：第6卷》（第1册）
37	屏风画《乐舞图》中舞女半臂上的缠枝莲花纹样复原	新疆维吾尔自治区博物馆	本书作者拍摄

续表

图序	图片名称	收藏地	来源
38	彩塑佛弟子身上的缠枝葡萄纹样复原	甘肃敦煌莫高窟 334 窟	《中国敦煌历代服饰图集》
39	屏风画《弈棋仕女图》（局部）及其仕女衣裙上的紫藤花纹样复原	新疆维吾尔自治区博物馆	《中国美术全集：隋唐五代绘画》
40	宋徽宗摹本张萱《捣练图》中的仕女披帛及其上的龟背瑞花纹样复原	美国波士顿美术馆	《宋画全集：第 6 卷》（第 1 册）
41	龟甲纹绫	不详	《中国丝绸通史》
42	壁画中舞蹈人物地毯上的锁甲纹样复原	甘肃敦煌莫高窟	《中国敦煌历代服饰图集》
43	（传）阎立本《历代帝王图》（局部）及后世的十二章纹	美国波士顿美术馆	《中国美术史·大师原典系列：阎立本·历代帝王图》
44	刘松年《十六罗汉图》及其罗汉袈裟上的球路纹样复原	台北故宫博物院	《南宋四家画集》
45	金大受《十六罗汉图》（局部）	日本东京国立博物馆	《宋画全集：第 7 卷》（第 1 册）
46	周季常、林庭珪《五百罗汉图》（局部）	美国波士顿美术馆	《宋画全集：第 6 卷》（第 1 册）
47	《伐阇罗弗多罗尊者图》（局部）及其尊者袈裟上的流水落花纹样	南京大学考古与艺术博物馆	《元画全集：第 3 卷》（第 2 册）
48	《宋仁宗皇后像》（局部）	台北故宫博物院	《中国绘画全集：第 4 卷五代宋辽金》

续表

图序	图片名称	收藏地	来源
49	《南山大师像》及其椅披上的团花纹样复原	日本涌泉寺	《宋画全集：第7卷》（第3册）
50	《元世祖后像》（局部）	台北故宫博物院	《中国人物画全集》（下）
51	刘贯道《元世祖出猎图》（局部）	台北故宫博物院	《中国绘画史图鉴：人物卷》（卷四）
52	《大傩图》（局部）	故宫博物院	《宋画全集：第1卷》（第6册）
53	顾闳中《韩熙载夜宴图》（局部）	故宫博物院	《宋画全集：第1卷》（第1册）
54	陈居中《文姬归汉图》（局部）	台北故宫博物院	《中国绘画史图鉴：人物卷》（卷三）
55	壁画《寄锦图》（局部）	不详	《中国出土壁画全集》（3）
56	壁画《散乐图》	不详	《中国出土壁画全集》（1）
57	壁画《于阗国王礼佛图》（冯仲年临摹）	甘肃敦煌莫高窟98窟	《煌煌大观：敦煌艺术》
58	壁画之供养人图像复原	甘肃敦煌莫高窟61窟	《中华历代服饰艺术》
59	壁画之供养人	甘肃敦煌榆林窟29窟	《敦煌研究》期刊官方网站
60	壁画《朝元图》之南极长生大帝	山西芮城永乐宫	《永乐宫壁画朝元图释文及人物图示说明》
61	壁画《朝元图》之怀抱琵琶袋侍女	山西芮城永乐宫	《永乐宫壁画朝元图释文及人物图示说明》
62	壁画《朝元图》之仙曹	山西芮城永乐宫	《永乐宫壁画朝元图释文及人物图示说明》

续表

图序	图片名称	收藏地	来源
63	壁画《朝元图》之传经法师	山西芮城永乐宫	《永乐宫壁画朝元图释文及人物图示说明》
64	壁画《杂剧图》	山西洪洞水神庙	《中国寺观壁画典藏：山西洪洞广胜寺水神庙壁画》
65	壁画《尚食图》	山西洪洞水神庙	《中国寺观壁画典藏：山西洪洞广胜寺水神庙壁画》
66	壁画《神仙赴会图》东壁后部的金星	加拿大皇家安大略博物馆	《元代壁画：神仙赴会图》
67	李赞华《东丹王出行图》（局部）之红衣男子	美国波士顿美术馆	《宋画全集：第6卷》（第1册）
68	壁画之汉人侍从	不详	《中国出土壁画全集》（8）
69	陆信忠《十王图·平等王》中的小鬼（图中上者）及其身上的团花纹样复原	日本奈良国立博物馆	《宋画全集：第7卷》（第1册）
70	壁画《西夏国王进香图》	甘肃敦煌莫高窟409窟	《中国石窟：敦煌莫高窟》（五）
71	（仿）李公麟《维摩居士像》（局部）及其中的团龙纹垫毯纹样复原	日本东福寺	《宋画全集：第7卷》（第3册）
72	顾闳中《韩熙载夜宴图》（局部）	故宫博物院	《宋画全集：第1卷》（第1册）
73	任仁发《张果老见明皇图》（局部）	故宫博物院	《元画全集：第1卷》（第2册）
74	雁衔绶带纹锦袍及其纹样复原	内蒙古博物院	《中国美术全集：纺织品》（一）

图序	图片名称	收藏地	来源
75	壁画之身着团窠鹿纹袍的契丹仆从	不详	《中国出土壁画全集》（3）
76	《宋宁宗后坐像》及其人物身后的缠枝花卉纹椅披细节	台北故宫博物院	《宋画大系：人物卷》（一）
77	《戏猫图》及其中的帷幔纹样复原	台北故宫博物院	《中国古代动物画》（英文版）
78	（传）苏汉臣《冬日婴戏图》及其儿童衣衫上的球路纹样与龟背瑞花纹样	台北故宫博物院	《宋画大系：人物卷》（一）
79	壁画《于阗皇后曹氏进香图》（临摹）	甘肃敦煌莫高窟 98 窟	《中华历代服饰艺术》
80	缂丝《紫鸾鹊谱》	辽宁省博物馆	《华彩若英：中国古代缂丝刺绣精品集》
81	壁画《朝元图》之金母元君及其服饰上的龟背瑞花纹样复原	山西芮城永乐宫	《永乐宫壁画朝元图释文及人物图示说明》
82	壁画《朝元图》之仙曹及其服饰上的银铤纹样复原	山西芮城永乐宫	《永乐宫壁画朝元图释文及人物图示说明》
83	壁画《寄锦图》（局部）、壁画《颂经图》（局部）	不详	《中国出土壁画全集》（3）
84	《后妃太子像》及其衣领上的滴珠窠灵芝纹样复原	台北故宫博物院	《宋画全集：第1卷》（第4册）
85	《嘉靖皇帝像》	台北故宫博物院	《中华历代服饰艺术》
86	《王鏊像》	南京博物院	《南京博物院珍藏系列：明清肖像画》

续表

图序	图片名称	收藏地	来源
87	《姚广孝真容像》	故宫博物院	《故宫博物院藏文物珍品大系：明清肖像画》
88	《乾隆孝贤纯皇后像》	故宫博物院	《清代宫廷绘画》
89	唐寅《王蜀宫妓图》及其女子披领上的云鹤纹样复原	故宫博物院	《明画全集：第6卷》（第1册）
90	唐寅《吹箫图》	南京博物院	《明画全集：第6卷》（第1册）
91	《千秋绝艳图》（局部）	中国国家博物馆	《中国人物画全集》（下）
92	郎世宁《塞宴四事图》（局部）	故宫博物院	《清代宫廷绘画》
93	《十二美人图·消夏赏蝶》及其人物裙子上的冰梅流云纹样复原	故宫博物院	《十二美人》
94	壁画之辩才天女	北京法海寺	本书作者拍摄
95	壁画《燕乐图》（局部）及其中最右侧侍女衣裙上的纹样复原	山西汾阳圣母庙	《中国寺观壁画典藏：山西汾阳圣母庙壁画》
96	壁画之往古文武官僚众及其中贤官手中的巾子纹样复原	山西浑源永安寺	《中国寺观壁画典藏：山西浑源永安寺壁画》
97	壁画之天妃圣母	河北石家庄毗卢寺	《中国寺观壁画典藏：河北石家庄毗卢寺壁画》
98	水陆画《北斗七元左辅右弼众》	山西博物院	《宝宁寺明代水陆画》
99	水陆画《马元帅像》	首都博物馆	《北京文物精粹大系：佛造像卷》

图序	图片名称	收藏地	来源
100	水陆画《罗汉图》	旧藏浙江桐乡崇福寺，现藏浙江桐乡市博物馆	《桐乡市馆藏水陆道场画集》
101	江西水陆画	不详	《长江中游水陆画》
102	苏州桃花坞年画《渔娘图》	日本	《中国木版年画集成：桃花坞卷》
103	上海小校场年画《刺绣闰门画》	上海历史博物馆	《中国木版年画集成：上海小校场卷》
104	戏剧图谱《戏曲人物百图·化身》	美国大都会艺术博物馆	美国大都会艺术博物馆官方网站
105	绘本《鸳鸯秘谱》中的人物服饰纹样	不详	《鸳鸯秘谱》
106	水陆画《阳间主病鬼王五瘟使者像》及其中人物身上的折枝牡丹纹样复原	首都博物馆	《北京文物精粹大系：佛造像卷》
107	上海小校场年画《琵琶有情闰门画》及其人物衣服上的折枝菊花纹样复原	上海历史博物馆	《中国木版年画集成：上海小校场卷》
108	绵竹年画《福禄寿喜图》及其寿星衣服上的蝙蝠拜寿纹样复原	私人收藏	《中国传统绵竹年画精选》
109	戏剧图谱《戏曲人物百图·王大娘》	美国大都会艺术博物馆	美国大都会艺术博物馆官方网站
110	水陆画《天藏菩萨像》及其旌旗上的团龙纹样复原	旧藏山西右玉保宁寺，现藏山西博物院	《宝宁寺明代水陆画》

续表

图序	图片名称	收藏地	来源
111	壁画之月宫天子及其衣衫上的团凤纹样复原	北京法海寺	本书作者拍摄
112	壁画之密迹金刚中的小鬼裤衩上的石榴团窠纹样复原	北京法海寺	本书作者拍摄
113	水陆画《南无贤善首菩萨像》及其衣衫上的纹样复原	首都博物馆	《北京文物精粹大系》（佛造像卷）
114	《千秋绝艳图》之王昭君及其裙上的流水落花纹样复原	中国国家博物馆	《中国人物画全集》（下）
115	《十二美人图·博古幽思》及其女子衣裙上的冰片梅花纹样复原	故宫博物院	《十二美人》
116	苏州桃花坞版画《双美图》及其帷帐上的皮球花纹样复原	日本海杜美术馆	《中国木版年画集成：日本藏品卷》
117	宁寿宫通景画上穿着绣金百蝶衣的女子	故宫博物院	《中国衣冠》
118	石青缎平金百蝶纹女夹褂清代同治年间	故宫博物院	《清宫服饰图典》
119	《女像轴》及其椅披上的团寿纹样复原	故宫博物院	《故宫博物院藏文物珍品大系：明清肖像画》
120	上海小校场年画《八仙图·张果老》及其衣服上的竹叶团寿纹样复原	北京古风堂	《中国木版年画集成：上海小校场卷》
121	《十二美人图·裳装对镜》及其炕垫上的八达晕纹样复原	故宫博物院	《十二美人》

图序	图片名称	收藏地	来源
122	《十二美人图·美人展书》及其书衣上的锁纹地万字鹿纹样复原	故宫博物院	《十二美人》
123	郎世宁《哨鹿图》（局部）	故宫博物院	《郎世宁全集 1688 — 1766》
124	大洋花锦	故宫博物院	《中国美术全集: 纺织品》（一）
125	《乾隆帝及妃威弧获鹿图》（局部）	故宫博物院	《清代宫廷绘画》
126	《颖国武襄公杨洪像》及其地毯上的团窠玉兔纹样复原	美国华盛顿国立亚州艺术博物馆	*Ming: Art People and Places*

注:

1. 正文中的文物或其复原图片，图片注释一般包含文物名称，并说明文物所属时期和文物出土地 / 发现地信息。部分图片注释可能含有更为详细的说明文字。

2. "图片来源"表中的"图序"和"图片名称"与正文中的图序和图片名称对应，不包含正文图片注释中的说明文字。

3. "图片来源"表中的"收藏地"为正文中的文物或其复原图片对应的文物收藏地。

4. "图片来源"表中的"来源"指图片的出处，如出自图书或文章，则只写其标题，具体信息见"参考文献"；如出自机构，则写出机构名称。

5. 本作品中文物图片版权归各收藏机构 / 个人所有；复原图根据文物图绘制而成，如无特殊说明，则版权归绘图者所有。

这本小书，是 2013 年度的国家课题"中国丝绸文物分析与设计素材再造关键技术研究与应用"中的子课题——"古代图像中的纹样信息提取与设计元素分析"的后续成果。在课题进行的两年时间里，我带领研究生们采集历代图像中的织物纹样，并分析其类型与形式特点，探究纹样背后所蕴含的历史、艺术与文化因素。所采集与记录的纹样约有两千幅，我们对其中一千幅进行了骨架提取、元素分解、色彩记录和文化解读等工作，再把其中的三百幅绘成了矢量图，部分纹样结集成丛书"中国古代丝绸设计素材图系"中的《图像卷》，于 2016 年 1 月出版。在这个过程中，我们也收获了很多，对卷轴画、壁画、年画、水陆画、绘本等不同形式的古代人物画有了直观的认识与体会，深深为我国悠久而伟大的艺术传统感到自豪。该书出版后，感到还可以继续做进一步深入研究，希望以图像为主线，看是否能贯穿中国丝绸艺术的发展历程，于是就有了这本小书。纹样复原图分别由已毕业的研究生童彤、陈希赟、孙培彦、王晓婷绘制，张萌萌同学帮我收集资料，并补充了若干幅之前没有收入的图像。由于学识和时间的

限制，肯定还有很多精彩的图像被我们遗漏了，是为遗憾。

也许，仅仅把目光聚焦在丝绸纹样上是不够的，图像中人物活动的场景，包括建筑、园林、室内；身边的器物，包括家具、器皿、用具，无不透过画面向我们传递出丰富的信息。仿佛穿越千百年的时空，这些人物与场景、器物都历历可视，其中还有多少内容需要我们去挖掘、整理和研究的呢？希望在物质文化史以及中国艺术设计史的研究中，大家不仅要重视出土或传世的实物，也要重视图像，因为图像告诉我们关于遥远过去的生活，是那么栩栩如生，令人不能释怀。

袁宣萍

2020 年 4 月 25 日

于浙江工业大学设计与建筑学院

图书在版编目（CIP）数据

中国历代丝绸艺术. 图像 / 赵丰总主编 ；袁宣萍著. —
杭州 ：浙江大学出版社，2020.12（2022.6重印）
ISBN 978-7-308-20766-9

Ⅰ. ①中… Ⅱ. ①赵… ②袁… Ⅲ. ①丝绸—文化—
中国—图集 Ⅳ. ①TS14-092

中国版本图书馆CIP数据核字（2020）第220739号

中国历代丝绸艺术·图像

赵　丰　总主编　　袁宣萍　著

丛书策划	张　琛
丛书主持	包灵灵
责任编辑	包灵灵
责任校对	董　唯
封面设计	程　晨
出版发行	浙江大学出版社
	（杭州市天目山路148号　　邮政编码　310007）
	（网址：http://www.zjupress.com）
排　　版	杭州林智广告有限公司
印　　刷	浙江影天印业有限公司
开　　本	889mm×1194mm　1/24
印　　张	9
字　　数	200千
版 印 次	2020年12月第1版　2022年6月第2次印刷
书　　号	ISBN 978-7-308-20766-9
定　　价	88.00元